マレー進攻航空作戦 1941-1942

世界を震撼させた日本のエアパワー

マーク・E・スティル 著

橋田和浩 監訳・監修

MALAYA & DUTCH EAST INDIES 1941-42

芙蓉書房出版

極東戦域の地図

● 日本海軍の基地
● 連合軍の海軍基地

THAILAND

INDOCHINA

● Saigon

● Cam Ranh Bay

Hainan ●

South
China
Sea

● Singora
● Kota Bharu
Penang ● Kuantan
Endau ●
Singapore ●
MALAY
STATES

Sumatra

Bangka Strait

Palembang ●
Bangka
Island
Bantam
Bay
Gaspar Strait
Batavia ● Tandjong Priok

Sunda Strait

Christmas
Island

INDIAN OCEAN

Lingayen Gulf
Luzon
PHILIPPINES
● Laoag
● Manila
● Cavite
Clark Field
Bataan Peninsula
Manila Bay
Corregidor

● Del Monte
● Davao
Panay ●

Sulu
Sea

Iolo ●

NORTH
BORNEO

BRUNEI
Miri ●
SARAWAK
Kuching ●

Tarakan ●

NETHERLANDS EAST INDIES

Balikpapan ●
Borneo
Banjarmasin ●

Java Sea
Bawean
Island
Madoera
Surabaja ●
Java
Bandoeng ●
Tjilatjap

Celebes Sea

Menado ●
Kema ●

Celebes

Makassar ●
Makassar
Strait

Flores Sea

Boeleleng ●
Bali
Denpassar
Bali Strait
Badoeng Strait
Lombok
Lombok Strait

Moluccas

Kendari ●

Banda Sea

Amboa

Dili ●
Timor
Koepang ●

Timor Sea

Arafura Sea

Melville Island

Bathurst Island
Darwin ●

AUSTRALIA

Palau Island ●

NEW GUINEA

N

500 miles
500 km

マレーでの初日－1941年12月8日（→本文76頁参照）

EVENTS

1. 0208–0600 hours: Hudsons in two groups from 1 RAAF Squadron depart Kota Bharu. One Hudson is shot down by antiaircraft fire. The undamaged Hudsons fly a second strike. Another Hudson is shot down by antiaircraft fire and at least five more are damaged. All three Japanese transports are heavily damaged. *Awagisan Maru* later sinks and the other two withdraw north.

2. After 0400 hours: Ki-27s from three *sentai* arrive at Singora Airfield.

3. 0415 hours: 17 G3Ms from the Mihoro Air Group attack Singapore. They encounter only ineffective antiaircraft fire. Three Blenheims at Tengah Airfield are damaged.

4. Approximately 0600 hours: 36 Squadron is ordered to attack the retreating Japanese off Kota Bharu. Only four aircraft drop their torpedoes through heavy rain and antiaircraft fire, but all miss. One Vildebeest crashes on landing and is written off.

5. 0630 hours: Two Buffalos from 243 Squadron strafe barges off Kota Bharu; one is damaged by ground fire.

6. 0630 hours: 12 Hudsons from 8 RAAF Squadron and eight Blenheim IVs of 60 Squadron depart Kuantan. Arriving off Kota Bharu, they attack the burning *Awagisan Maru* and various small craft. One Hudson crash-lands at Kota Bharu and another damaged Hudson recovers at Seletar. Three of the six returning to Kuantan are damaged by antiaircraft fire. One Hudson claims a Zero. The Blenheims also repeat the attack on the burning transport except for one which attacks targets to the north. Two Blenheims are lost to antiaircraft fire.

7. 0645 hours: Eight Blenheims from 27 Squadron take off from Sungei Patani to strike Japanese shipping but are forced back by bad weather.

8. 0700 hours: at least five Ki-21s from the 98th Sentai bomb Sungei Patani. The alert Buffalos launch in the middle of the attack and then suffer gun failure so no Japanese aircraft are damaged. One Blenheim and two Buffalos are destroyed; two Blenheims and five Buffalos are damaged by bombs. The main runway is knocked out of action.

9. 0700: Nine Ki-21s bomb Machang. One Buffalo delivers an ineffective attack. Ki-48s also bomb the airfield.

10. Approximately 0730 hours: Nine 34 Squadron Blenheims from Tengah attack small craft off Kota Bharu and troops ashore. Ki-43s from the 64th Sentai claim one Blenheim which actually crash-lands on Machang.

11. 0900 hours: Ki-27s and Ki-43s begin strafing Kota Bharu in relays. One photo-reconnaissance Beaufort is destroyed. Other fighters and light bombers attack Machang and Gong Kedah throughout the day.

12. 0900 hours: 11 Blenheim IVs from 62 Squadron take off from Alor Star. Finding no targets off Kota Bharu, they head north to Patani and bomb through clouds. Two F1Ms from *Sagara Maru* conduct an unsuccessful interception.

13. Approximately 0900 hours: The remaining 34 Squadron Blenheims arrive at Butterworth Airfield in the middle of a raid by 59th Sentai Ki-43s. One Ki-43 is shot down by return fire and one Blenheim is forced to crash-land.

14. 1045 hours: 27 Ki-21s from the 12th Sentai hit Sungei Patani and inflict heavy damage. The airfield is ordered to be abandoned later in the day.

15. Approximately 1045 hours: Butterworth Airfield is strafed by 1st Chutai, 64th Sentai. Four 34 Squadron Blenheims are damaged.

16. Approximately 1100 hours: 27 60th Sentai Ki-21s hit Alor Star. Four Blenheims of the just-returned 62 Squadron are destroyed and five damaged.

17. Approximately 1200 hours: Two RAAF 21 Squadron Buffalos conduct a reconnaissance of Singora. They are intercepted by Ki-27s of the 11th Sentai, but both aircraft return.

18. Approximately 1200 hours: Four Hudsons and three Vildebeests depart Kota Bharu to attack shipping reported off the coast. The report is false, so the aircraft end up strafing ground targets.

19. 1600 hours: Japanese troops approach Kota Bharu Airfield; the five remaining Hudsons and six Vildebeests are evacuated to Kuantan.

Kuantan ③

④

The First Day Over Malaya – December 8, 1941

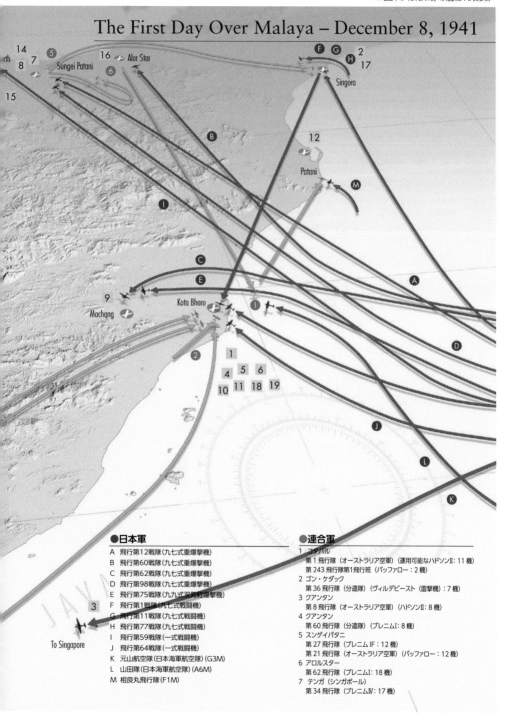

●日本軍

- A 飛行第12戦隊（九七式重爆撃機）
- B 飛行第60戦隊（九七式重爆撃機）
- C 飛行第62戦隊（九七式重爆撃機）
- D 飛行第98戦隊（九七式重爆撃機）
- E 飛行第75戦隊（九九式双発軽爆撃機）
- F 飛行第1戦隊（九七式戦闘機）
- G 飛行第11戦隊（九七式戦闘機）
- H 飛行第77戦隊（九七式戦闘機）
- I 飛行第59戦隊（一式戦闘機）
- J 飛行第64戦隊（一式戦闘機）
- K 元山航空隊（日本海軍航空隊）（G3M）
- L 山田隊（日本海軍航空隊）（A6M）
- M 相良丸飛行隊（F1M）

●連合軍

1 コタバル
　第 1 飛行隊（オーストラリア空軍）（運用可能なハドソンⅡ: 11 機）
　第 243 飛行隊第1飛行班（バッファロー: 2 機）
2 スンゲイパタニ
　第 36 飛行隊（分遣隊）（ヴィルデビースト（雷撃機）: 7 機）
3 クアンタン
　第 8 飛行隊（オーストラリア空軍）（ハドソンⅡ: 8 機）
4 クアンタン
　第 60 飛行隊（分遣隊）（ブレニムI: 8 機）
5 スンゲイパタニ
　第 27 飛行隊（ブレニム IF: 12 機）
　第 21 飛行隊（オーストラリア空軍）（バッファロー: 12 機）
6 アロルスター
　第 62 飛行隊（ブレニムI: 18 機）
7 テンガ（シンガポール）
　第 34 飛行隊（ブレニムⅣ: 17 機）

(3)

マレーの地図 (→本文94頁参照)

この作戦の間に増強されたイギリス空軍の戦力：
- 梱包された状態の51機のハリケーンと第282(臨時)飛行隊の24名のパイロット
- 第53飛行隊の18機のハリケーン(到着したのは15機のみ。残りの3機はビルマまで到達)
- バタビアに向かう空母インドミタブルから発進した第232飛行隊と第258飛行隊の合計48機のハリケーン
- 第84飛行隊の24機のブレニムⅣ(17機がスマトラに到着)
- 第211飛行隊の24機のブレニムⅣ(18機がスマトラに到着)
- 第59飛行隊の18機のハリケーン(7機がスマトラに到着)
- 第226(戦闘機)飛行群の34名のハリケーンのパイロット

イギリス軍の高射部隊

シンガポール島(いくつかの連隊は高射隊をマレーにある数力所の飛行場へ前方展開)
- 第1重高射連隊
- 第2重高射連隊
- 第3重高射連隊
- 第3軽高射連隊
- 第1高射連隊(インド陸軍)
- 第5サーチライト連隊

重高射連隊には3インチと3.7インチの高射砲が配備されていた。12門の高射砲を装備する3個の高射隊での編成が標準的であったが、砲の形式と配備場所によって異なった。

軽高射連隊にはボフォース40ミリ機関砲が配備されていた。18門の機関砲を装備する3個の高射隊での編成が標準的であった。

イギリス空軍の予備機

ブレニムⅠ/Ⅳ	15機
バッファロー	52機
ハドソン	7機
ヴィルデビースト	12機
カタリナ	2機
合計	88機

Singora
Patani
Khlaung Ngae
Sadao
Jitra
Alor Star
KEDDAH
第62飛行隊(ブレニムⅠ×11機)
第27飛行隊(ブレニムⅠF×12機)
第21飛行隊(オーストラリア空軍)(バッファロー×12機)
Sungei Patani
Kroh
Betong
Ka Ketil
Butterworth
Penang
Sungei Bakap
Lubok Kiap
Malakoff
Taiping
Port Weld
Kuala Kangasar
Ipoh
Kampar
Stiawan
Tapah
Bidor
Telok Anson
Slim River
SELANGOR
Kuala Selangor
Kuala Lumpur
Port Swettenham
Morib
Port Dickson
NEGRI
Seremban
SEMBILAN
Tampin
Gemas
Bahau
Tumpat
Kota Bharu
第1飛行隊(オーストラリア空軍)(ハドソンⅡ×12機)
第36飛行隊(ヴィルデビースト×6機)
第100飛行隊(ヴィルデビースト×6機)
Gong Kedak
Machang
Kuala Krai
KELANTAN
Kuala Trengganu
TRENGGANU
Kuala Dungun
Kuala Lipis
Jerantur
Raub
Bentong
PAHANG
Maran
Kuantan
第60飛行隊(ブレニムⅠ×8機)
第8飛行隊(オーストラリア空軍)(ハドソンⅡ×8機)
第36飛行隊(ヴィリデビースト×6機)
Endau
Mersing
Segamat
MALACCA
Malacca
Muar
Labis
Jemaluang
Kahang
Yong Peng
JOHORE
Kluang
Rengani
Ayer Hitam
Batu Pahat
Kota Tinggi
Tebrau
Johore Bahru
Singapore

- ● 部隊配備した飛行場
- ○ 部隊配備しなかった飛行場
- □ 着陸場

N
0　　　　50 miles
0　　　50km

Sembawang
第8飛行隊(オーストラリア空軍)(ハドソンⅡ×4機)
第453飛行隊(オーストラリア空軍)(バッファロー×16機)
Seletar
第100飛行隊(ヴィルデビースト×6機)
第205飛行隊(カタリナ×3機)
第34飛行隊(ブレニムⅣ×16機)
Kallang
第243飛行隊(ニュージーランド空軍)(バッファロー×16機)
第488飛行隊(バッファロー×16機)
Singapore

(4)

2月4日と15日における日本海軍航空隊の連合国艦隊への攻撃（→本文105頁参照）

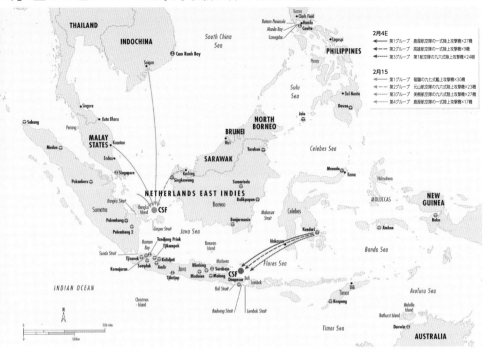

占領した基地から日本軍の航空機が作戦を遂行できる範囲（→本文107頁参照）

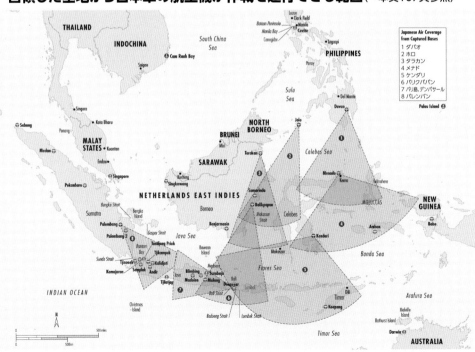

EVENTS

1 0630 hours: 1st Air Group takes off from Kendari for Malang.

2 0710 hours: Kanoya Air Group takes off from Kendari for Madoien.

3 0800 hours: Takao Air Group takes off from Kendari for Surabaya.

4 0900 hours: Tainan Air Group takes off from Balikpapan for Malang.

5 0930 hours: 3rd Air Group takes off from Balikpapan for Surabaya.

6 About 1200 hours: Allies scramble seven Hawk 75As, 12 CW-21Bs; six P-40Es follow later.

7 1210 hours: 1st Air Group bombs Malang.

8 About 1210 hours: The Hawks spot the Takao Air Group and attack. Two Hawks are forced to return to base and are both caught landing by Zeros and forced to crash-land. Three more Hawks are shot down in air combat; only two survive to land. The Dutch Hawks probably shoot down a Zero and claim a bomber, but none of the bombers is damaged.

9 About 1210 hours: 3rd Air Group encounters CW-21Bs over Surabaya. The three sections of Dutch fighters are shattered; five are shot down and the other seven land on several airfields with varying degrees of damage. The Zeros proceed to strafe the flying boat base and destroy three Do 24s and eight other Dutch seaplanes. A Dutch Catalina is shot down and a USN Catalina strafed and damaged in the harbor.

10 1220 hours: Takao Air Group bombs Surabaya.

11 1225 hours: Kanoya Air Group bombs Madoien.

12 1230 hours: Tainan Air Group catches 7th Bomb Group B-17s on the ground ready to take off for a mission. Two B-17s and two B-17Es are set aflame. A B-17C on a test flight south of the airfield is also shot down. One damaged Zero crash-dives into the airfield.

13 After 1230 hours: Six P-40Es are late to scramble. Two chase the Japanese bombers headed out and claim one, but none is lost. Two other P-40Es tangle with Tainan Air Group Zeros headed out and shoot down one. 3rd Air Group Zeros account for one of the P-40s.

14 After 1230 hours: Tainan Air Group runs into nine B-17s returning from a raid on Balikpapan and shoots one down.

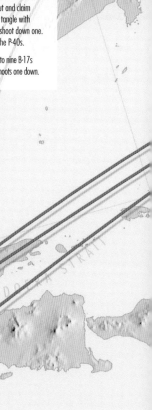

The Initial Japanese Air Attack on Eastern Java – February 3, 1942

CELEBES

GULF OF BONI

Kendari

1

2
3

A

B

C

FLORES SEA

●日本軍

A 高雄航空隊の 26 機の一式陸上攻撃機

B 鹿屋航空隊の 27 機の一式陸上攻撃機

C 第 1 航空隊の 19 機の九六式陸上攻撃機

D 台南航空隊の 17 機の零戦と 1 機の九八式陸上偵察機

E 第 3 航空隊の 27 機の零戦と 2 機の九八式陸上偵察機

●連合軍

1 第 4 飛行群第 1 戦闘機飛行隊の 8 機のカーティス・ホーク 75A（マドイセン）

2 第 4 飛行群第 2 戦闘機飛行隊の 12 機の CW-21B（スラバヤ）

3 第 17 追撃飛行隊（臨時飛行隊）の 12 機の P-40E（プリンピン）

4 第 19 爆撃飛行群（マラン）

オランダ領東インドにおけるオランダ軍の飛行場と日本軍が進撃した経路(→本文117頁参照)

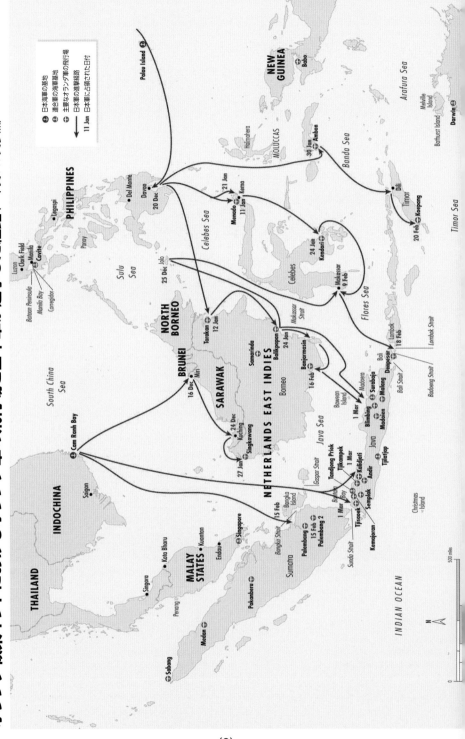

まえがき

　2022年2月24日、ロシアによるウクライナ侵略が開始されて、早くも1年以上の月日が経過している。圧倒的な軍事力の差にもかかわらず、ウクライナは強靭な抵抗力を発揮し、ロシアによる侵攻を食い止め、今後反撃に転じる様相を見せている。プーチン大統領が特別軍事作戦と表明したこの作戦においても、侵攻当初は航空作戦が行われたが、欧米諸国が想定しているような戦力投入は行われず、現在（令和5年7月執筆時）ウクライナ、ロシア双方ともに航空優勢の獲得には成功しないままの状況が続いているようである。地上、海上において優位に作戦を進める前提となる「航空優勢」の獲得が、なぜこのように膠着した状況となっているのであろうか。

　ここに翻訳が行われた Air Campaign シリーズ「MALAYA & DUTCH EAST INDIES 1941-42」は、日本軍による東南アジア進出の作戦を成功させた最も大きな要因と考えられている Air　Campaign（航空作戦）を、退役米海軍将校のマーク・E・スティル（Mark E. Stille）が詳細に分析した良書である。

　本航空作戦は、1941年当時、東南アジアを植民地として進駐していたイギリス軍、オランダ軍、そしてアメリカ軍に対して、日本陸軍航空隊、海軍航空隊が圧倒的な勝利を収めた歴史的にも有数の航空作戦の成功例として捉えられている。この作戦がいかに計画されたのか、攻勢をかけた日本軍と、守勢に回り敗北を喫したイギリス軍、オランダ軍、そしてアメリカ軍の能力にどのような違いがあったのか、そしてその戦いを進めるうえでの考え方、すなわちドクトリンは如何なるものであったか等について、多くの資料を基に緻密に解析されている。

　本書は、2021年に『バトル・オブ・ブリテン1940』として出版された監訳書に続く、第二弾として出版に漕ぎつけることとなった書籍である。今回も前作と同様に、防衛大学校防衛学教育学群にて日々教育、研究に邁進する自衛官教官が中心となって翻訳を担当しており、これまでの部隊勤務経験や研究成果を参考にしながら、自身の研究活動の一環として取り組んできた成果である。折しも、わが国は、戦後最も厳しく複雑な安全保障環境に直面しているとの認識のもと、国家安全保障戦略、国家防衛戦略、防衛力整備計画の三つの文書を策定した。国家安全保障戦略の中では、外交

力・防衛力・経済力を含む総合的な国力を最大限に活用し、わが国の国益を守るという決意が示され、その決意のもと、国家防衛戦略ではわが国の防衛目標とそれを達成するためのアプローチ及び手段が示された。ここに導出された防衛力を抜本的に強化するためのアプローチや手段は、いわゆる戦い方が根拠となっていることは言うまでもない。当然ながら、そうした根拠となる戦い方については、航空機やミサイルの性能向上といった軍事科学技術の進展に加え、多層の領域に跨って戦闘が行われるなどの時代の変化を踏まえなければならない。他方、過去の戦役の成否を決定づけた各種教訓からの学びもまた、戦い方に反映される重要な要素である。したがって、本書の翻訳を通じた研究そのものも、防衛力の抜本的強化につながるピースの一つであると考える。

　さて、冒頭において、現在行われているロシアによるウクライナ侵略における航空作戦について、なぜ「航空優勢」の帰趨が明確ではないのか問うてみた。今後、様々な角度から今次の航空作戦が分析されるであろうが、この度翻訳された「MALAYA & DUTCH EAST INDIES 1941-42」を一つのスコープとして眺めることでも、多くの示唆を得ることができるであろうと考える。本書を手に取った多くの読者にとって、今から約80年前に生起した航空作戦の教訓から、目の前で今まさに進行している航空作戦についても、より多角的に分析する視座を与えてくれると信じている。

防衛大学校防衛学教育学群長

空将補　久保田隆裕

刊行によせて

　航空作戦上、有名な奇襲作戦といえば、誰しもが太平洋戦争における真珠湾攻撃を想起するであろう。しかし、あまり知られていないが、同じ太平洋戦争緒戦において日本帝国陸軍が主導したマレー半島攻略における航空作戦についても、同様に成功を収めた顕著な航空作戦であった。実に、旧帝国陸軍による仏蘭印攻略、その後の東南アジア方面における南方作戦全般に大きな影響を及ぼした作戦といえよう。

　今般、MARK STILLE の Air Campaign シリーズ「MALAYA & DUTCH EAST INDIES 1941-42」を翻訳するにあたり、太平洋戦争中における航空作戦においては、以下のような意義が見いだせるだろう。

　一点目に、太平洋戦争（WWⅡ）は、航空戦力のみを本格的な戦闘アセットとして活用した初の作戦であること。二点目は、開戦後数週間でインドシナ、マレー半島という極めて広範囲の制空権の確保に成功した電撃的航空作戦であること。三点目は、航空作戦の根拠地となる空港の確保が困難な島嶼地域における航空作戦であること。

　以上のような観点で分析した場合、現代の航空作戦を実施する上においても有益な多くの教訓が得られるであろう。

　また、本監訳における特徴としては、航空作戦の運用に熟知した専門家による訳により、軍事専門的見地から精細な分析がなされたことである。航空作戦の運用はどういうものか、どのような特性を有しているのか、成功の鍵は何か等々、理解しやすく解説されている。読者にとって空の世界における兵力運用に関する理解が少しでも深まれば幸甚である。

元防衛大学校防衛学教育学群長

北川　英二

マレー進攻航空作戦 1941-1942
世界を震撼させた日本のエアパワー

目次

✳ 序 論

INTRODUCTION

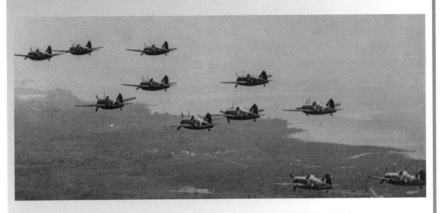

これは1941年に第243飛行隊のバッファロー戦闘機が飛行してい
るところを撮影した写真である。戦闘機の編隊が1機のリーダー
と2機のウィングマン（僚機）の3機で組まれていることが着目さ
れる。イギリス空軍の戦闘機パイロットは、戦争が始まるまで日
本軍のパイロットに注意を払っていないも同然であった。それは、
彼らが潜在的な敵を全くと言っていいほど無視していたからであ
った。戦端が開かれると直ぐに明らかになったのは、性能の劣る
航空機を飛ばしているイギリス空軍の戦闘機パイロットは手も足
も出ないということであった。　　　　　　(Library of Congress)

1939年9月にヨーロッパの列強が戦争に突入したとき、極東地域は取り残されたままだった。しかしながら、この地域の静けさは一時的なものに過ぎなかった。大日本帝国は既に拡張主義へと乗り出しており、1931年に満州を併合し、1937年には中国に進攻していた。中国での作戦は泥沼化していたが、軍事的手段を強化することで中国を支配しようとする日本の明らかな意図は日米間の緊張を高めた。1940年にドイツがオランダとフランスを征服してイギリスを直接的な脅威下に置いたことは、アメリカが強めている経済的圧力から自らを守る機会を日本にもたらした。極東地域でヨーロッパ列強が支配していた資源豊富な植民地が攻撃にさらされることになったのである。フランス領インドシナは豊富な米の産地であり、極東地域にある他のヨーロッパ列強の植民地を攻撃するための理想的な拠点となった。イギリス統治下のマレー連合州は世界の大半に錫とゴムを供給しており、相当な石油資源を有していた。また、オランダ領東インドは石油資源が豊富であった。

　日本の東南アジアへの進出は、開戦からの数ヶ月間における一連の攻撃の中で最も重要な作戦であった。連合国の予想に反して、日本は同時に複数の攻勢をかけることができた。この地域における連合国の最も強力な戦力は、マレー（訳者注：原文は当時のイギリスが呼称していた「Malaya（マラヤ）」とあるが、ほかに「Malay（マレー）」も原文で用いられていることを踏まえ、翻訳では「マレー」に統一）とシンガポールに駐留していたイギリスの空軍と海軍、そして地上軍であった。これに加えて、フィリピンに駐留するアメリカ軍も無力化されねばならなかった。これが達成されれば、オランダ領東インドへの攻撃を開始することができた。オランダ領東インドの占領は、資源確保の観点から日本にとって非常に重要であった。また、オランダが石油施設を徹底的に破壊したり、あるいはアメリカまたはイギリスが援軍を投入できるようになったりする前に、素早く成し遂げられねばならなかった。

　日本の計画は、全体として航空戦力の運用が成功することに大きく依拠していた（訳者注：原文で用いられている「air power（エア・パワー）」は本来的に軍事力以外のパワーも包含する言葉であるが、本稿では趣旨的に軍事力としての「航空戦力」と表現）。この地域に駐留する連合国の地上軍は、この作戦に投入された比較的小規模な日本帝国陸軍（以下「日本陸軍」）を数的に

凌駕していた。日本の決め手となる戦力は、イギリス軍、オランダ軍、そしてアメリカ軍に対して大幅な優位性を獲得していた航空戦力であった。航空優勢を獲得することで、日本は優れた海軍力を存分に活用できるようになる。マレーを占領するための攻撃は主として日本陸軍航空隊が支援し、これを補助する役割を日本帝国海軍航空隊（以下「日本海軍航空隊」）が果たした。日本陸軍航空隊は、わずか数日間の典型的な攻勢対航空作戦でマレー北部のイギリス軍の航空戦力を撃滅する計画を立てていた。

　極東にいるイギリス軍の防衛計画も、日本と同様に航空戦力を中心として立案されていた。この地域で最も重要なイギリス軍の拠点はシンガポールの海軍基地であり、日本との開戦後すぐに大規模な艦隊が到着することになっていた。この想定は、ヨーロッパ情勢がイギリス海軍に極東地域へ艦隊を派遣するまでに要する時間を延長させた時点で無効となっていた。マレーに駐留するイギリス陸軍の規模は、日本軍の進攻を撃退するには不十分であった。このため、イギリス空軍が極東におけるイギリスの権益を防衛する主要な役割を担うことになったが、このような認識にありながらもイギリス空軍極東軍の戦争への準備は整えられていなかった。シンガポールの海軍基地を守り、日本軍の海上からの上陸進攻部隊を大幅に弱体化させるという任務を遂行できる十分な数の航空機は配備されておらず、極東に配備された航空機の大半が老朽化していた。また、太平洋戦争の開戦時にイギリス空軍は大規模な拡張の途上にあったものの、日本軍の攻撃に耐えられる作戦基盤を有していなかった。防空のための近代的な航空機や作戦支援基盤が十分でなかったことは、間近に迫った戦いで深刻な結果をもたらすことになった。

　日本軍のオランダ領東インド占領作戦は、連合軍よりも更に航空戦力への依存度が高く、かえる跳びでの前進を支援するために様々な島にある一連の飛行場を占領する必要があった。この作戦は、日本海軍航空隊が単独に近い状態で支援した。日本軍に対峙していたのは、連合軍の飛行部隊の集合体であり、オランダやドイツ、そしてアメリカ製の航空機で混成されたオランダ領東インドの飛行隊であった。アメリカ陸軍航空隊も、多数ではあるが結局のところは不十分な数の航空機をジャワ島に展開した。ジャワ島はオランダ領東インドの中心的な島であり、日本軍の最終的な目的地でもあった。マレーでの作戦の終盤にイギリス空軍はオランダ領東インド

のスマトラ島にある飛行場へと後退し、オランダ領東インド防衛作戦の最終局面に関与したが、マレーで連合軍の航空作戦が失敗したのと同じ理由で、オランダ領東インドを防衛するための努力も実ることはなかった。

✸ 年　表

CHRONOLOGY

CHRONOLOGY

❖1941年

12月8日　日本軍がタイ南部のシンゴ
ラとパタニ、そしてマレー北部のコ
タバルへ同時に上陸。日本軍がシン
ガポールを初めて空襲。また、マレ
ー北部にあるイギリス軍の飛行場に
対する一連の空襲を開始。

12月9日　日本軍がコタバル飛行場を
占領。空での戦いの2日目にしてマレ
ー北部のイギリス軍の航空戦力を撃
破。

12月10日　日本軍が戦艦プリンス・
オブ・ウェールズと巡洋艦レパルス
を航空攻撃で撃沈。

12月11日　イギリス軍の戦闘機部隊
がシンガポールと輸送船団を防衛す
るために後退したことで、日本軍が
マレー北部の航空優勢を獲得。イギ
リス軍がジットラの戦いで大敗北を
喫し、マレー北部を喪失。

12月14日　日本軍がアロルスター飛
行場を実質的に無傷の状態で占領。

12月16日　日本軍がイギリス領ボル

ネオ島のミリに上陸。

12月19日　イギリス空軍がイポー飛
行場を放棄。

12月25日　日本軍がオランダ領東イ
ンド中部のホロ島を占領。

12月31日　イギリス軍の地上軍司令
官が、数個の増援部隊の船団が到着
するのに十分な期間はマレー中央部
の飛行場を維持するように命令。

❖1942年

1月3日　イギリス軍がクアンタン飛
行場を放棄。

1月7日　イギリス軍がスリム河の戦
いで敗北し、マレー中部を喪失。

1月11日　日本軍がクアラルンプール
を占領。日本軍がセレベス島のメナ
ド、ケマ、バンカローズに上陸。

1月12日　日本軍がオランダ領ボルネ
オ島のタラカンを占領。

1月24日　日本軍がオランダ領ボルネ

11

オのバリクパパンに上陸。日本軍が
セレベス島のケンダリを占領。

1月25日　イギリス軍がシンガポール
島への退却を決定。

1月26日　イギリス軍がエンダウ沖の
日本軍の輸送船団に対する空と海か
らの攻撃に失敗。

1月30日　日本軍がオランダ領東イン
ド東部のアンボンを占領。

1月31日　イギリス軍の最後の地上部
隊が海峡を渡りシンガポール島に到
着。

2月4日　マカッサル海峡の戦い（訳
者注：日本名は「ジャワ沖海戦」）。日本
軍の航空部隊が連合国艦隊を撃退。

2月8日　日本軍がジョホール海峡を
越えてシンガポール島に夜襲を敢行。

2月14〜17日　バンカ海峡の戦い。日
本軍の航空部隊が再び連合国艦隊を
撃退。

2月15日　シンガポールのイギリス軍
が降伏。日本軍がバンカ島とスマト
ラのパレンバンを攻略。

2月16日　日本軍がオランダ領ボルネ
オのバンジャルマシンを占領。

2月18日　日本軍がバリ島を占領。

2月19日　日本軍の機動部隊がオース

トラリアのダーウィンを空襲。

2月20日　日本軍がティモール島に上
陸。

2月27日〜3月1日　ジャワ海沖海戦
（訳者注：日本名は「スラバヤ沖海戦」）。

3月9日　オランダ領東インドが降伏。

極東戦域の地図（口絵頁参照）

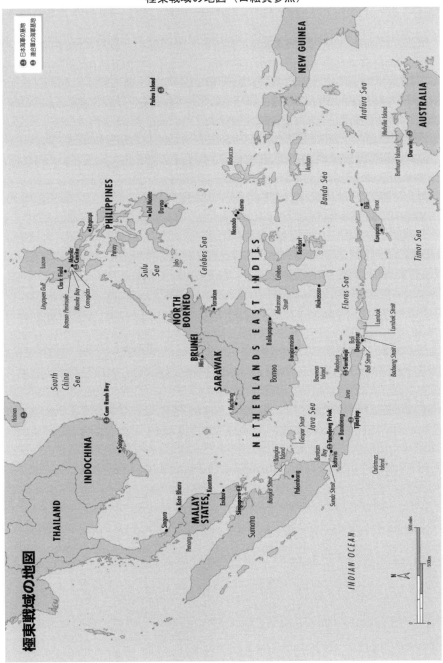

極東戦域の地図

✳ 攻撃側の能力
1941年における日本軍の航空戦力

ATTACKER'S CAPABILITIES

　この作戦における日本陸軍航空隊の傑出した戦闘機は、のちに連合軍が「オスカー」（Oscar）のコードネームをつけた一式戦闘機であった（訳者注：原文では「キー43」と記されているが、より一般的な名称である「一式戦闘機」を使用。他の機種も同様であり、細部は対比表を参照）。開戦時に運用が開始されたばかりの一式戦闘機は、マレー、シンガポール、スマトラ、そしてジャワでの作戦に投入された飛行第59戦隊と飛行第64戦隊に配備されていた。　　　　　　（Yasuho Izawa（伊沢保穂）Collection）

全般状況

　日本陸軍と海軍は、それぞれが保有する航空部隊の大部分を東南アジアの作戦に投入した。これは、連合軍の航空部隊を凌駕する大幅な数的優位を作為するためであった。これに加えて、決定的な目標地点に戦力を集中できる日本軍は、複雑な指揮系統によって機能不全に陥り分散配置されている連合軍の航空部隊に対して非常に有利であった。しかしながら、この利点は見た目よりも小さかった。それは、日本軍の航空部隊は正に陸軍航空隊と海軍航空隊とに分かれていたからであった。日本陸軍航空隊と海軍航空隊は、事実上の距離を保って空で戦った。彼らが作戦レベルで協力していたのは確かであるが、戦術レベルでの協調的な活動は行われなかった。日本海軍航空隊は、初期段階における航空優勢の獲得に焦点を当てており、作戦間における全ての海上攻撃任務に従事した。地上での攻勢作戦を支援する日本海軍航空隊の作戦は皆無であった。また、日本海軍航空隊は航空機の航続距離と洋上での航法能力を活かし、オランダ領東インドに対する作戦においても主役を演じた。

　日本海軍航空隊は、1937年から1941年までの中国との空での戦いにおいて重要な役割を果たした。日本海軍航空隊は、中国の都市部に対する長距離攻撃を敢行し、中国軍の飛行場を攻撃することで航空優勢を獲得した。日本海軍航空隊の戦闘機は爆撃機を援護することが可能であり、中国軍の飛行部隊を無力化できる十分な数の戦闘機を撃墜した。日本陸軍航空隊は、このような作戦を遂行するために必要とされる最新の航空機を装備していなかった。太平洋戦争の開戦までに日本陸軍航空隊は海軍航空隊との能力格差を縮小していたものの、依然として両航空隊の間に共通のドクトリンは存在せず、共通の戦技を編み出すための取組も全く行われなかった。戦時情勢下においてさえ、軍種間の対抗意識と相互不信が強い状態であった。

日本海軍航空隊

編　成

　日本海軍は、空母艦載機部隊と基地航空部隊の両方で戦闘機と爆撃機の部隊を保有していたという点において独特であった。開戦時に日本海軍の

基地航空部隊は、管理上、第11航空艦隊の指揮下に置かれており、第11航空艦隊は3個の航空戦隊と37個の航空隊に細分化されていた。東南アジアにおける作戦の支援に割り当てられた第21航空戦隊、第22航空戦隊、そして第23航空戦隊の3つの航空戦隊は、それぞれが数個の航空隊で編成されていた。日本海軍は、当初、航空隊を攻撃機と戦闘機の混成部隊として編組し、それぞれの航空隊が様々な任務を遂行できるようにしていた。しかしながら、この編成は開戦前に変更され、航空隊は単一の機種で構成されるようになっていた。戦術面において、航空隊は9機の航空機で構成される中隊に分けられ、中隊は3個小隊で編成されており、小隊は3機で構成されていた。

　航空隊が機動展開させるのは飛行班のみであった。なぜならば、地上支援班は飛行部隊が編成された飛行場の一部と考えられていたためであり、その名前は飛行場に由来していたからであった。この点は重要であった。それは、飛行班と地上勤務員が常に一緒にいるわけではないため、航空機の柔軟な運用を低下させることになったからであった。しかしながら、マレーとオランダ領東インドの占領が行われた比較的に短い期間において、これが影響することはほとんどなかった。日本海軍航空隊は、航空機を戦域全体にある味方の飛行場に展開させたり、占領した新たな飛行場へ安定的に前方展開させたりすることができた。開戦した時、第21航空戦隊と第23航空戦隊は、フィリピンにいるアメリカ軍の航空戦力を無力化するという最初の任務を付与されて台湾に展開していた。これらの部隊には、90機の零式艦上戦闘機（以下「零戦」）が配備されていた。零戦は東南アジアで最強の戦闘機であった。第22航空戦隊は、フランス領インドシナのサイゴンの近傍にある基地に配備されており、タイの南部とマレーの北部に向かう日本軍の進攻部隊の輸送船団を護衛する任務と、南シナ海にいる連合軍の海上戦力を撃破する任務が付与されていた。これらの3個の航空戦隊の作戦機の総数は、400機をわずかに上回っていた。

ドクトリンと戦術
　日本海軍航空隊は、1920年代と1930年代に発展していくにつれて海上攻撃に焦点を合わせた。日本海軍の決戦構想の一環であるアメリカ海軍に対する入念な本格的戦闘計画では、基地航空部隊が大きな役割を担っていた。

九六式陸上攻撃機は、日本海軍が太平
洋全域の陸上の飛行場から運用できる長
距離爆撃機を求めていたことを示してい
た。この長大な航続距離が不可欠である
ことは、オランダ領東インドでの作戦にお
いて証明された。
(Naval History and Heritage Command)

　しかしながら、日本が1937年に中国へ進攻したとき、日本海軍は基地航空
部隊が地上の目標を攻撃できる戦略的な航続距離を有しているということ
を認識した。日本海軍航空隊が学んだのは、中国で航空優勢を獲得するに
あたり、多数の戦闘機に援護された大規模な爆撃機の編隊による攻撃が最
も効果的な戦術であるということであった。この方法は国民党の航空戦力
を撃ち破ることに成功を収め、太平洋戦争の開戦時には連合軍に対しても
用いられることになった。
　中国での戦闘は、日本海軍航空隊に多くの有益な教訓をもたらした。戦
闘機が爆撃機を長距離にわたり護衛できることが裏付けられたのである。
実際、これは爆撃機の損失を許容範囲内に抑え続けるために不可欠であっ
た。戦術面では、戦闘機部隊にとっての重要な教訓があった。それぞれの
戦闘機による各個戦闘の価値を最小化した戦い方が編み出され、3機で構
成する小隊が編隊の基本として用いられるようになった。中国での航空作
戦は日本軍に初めての実戦経験をもたらし、これが連合軍に対する当初の
成功の要因の1つとなったことは見落とされていた。
　中国における航空戦で日本海軍航空隊は悪い習慣も身につけ、前衛的な
航空戦に関する誤った教訓を持ち帰った。援護戦闘機の戦術ドクトリンは、
爆撃機に「間接援護」を提供するとしていた。これは戦闘機が援護を命じ
られた爆撃機の上空を、ある程度の距離をとって飛行することで、戦闘機
が自由に機動できる状態を維持し、機会があれば編隊から離脱して敵戦闘
機を追撃できるようにするためであった。この戦術は劣勢にある中国軍の
戦闘機部隊に対しては有効であったが、より熟練した相手には爆撃機を無
防備にして甚大な損失を被る可能性があった。
　日本海軍航空隊の戦闘機は、敵機との交戦時にアクロバット飛行して1

対1の格闘戦をすることを好んだ。これは日本古来の一騎打ちの伝統と関連づけられていた。また、個人的な名誉を獲得する機会でもあった。このことは、戦闘機が爆撃機の護衛任務についたときに、たとえ爆撃機を無防備な状態にするとしても変わらなかった。日本軍が最も多用した戦法は、零戦の強みを活かした「ひねり込み」であった。これは1930年代半ばに開発された戦法で、（訳者注：機体を左に）横滑りさせて急降下宙返りするものであり、敵戦闘機に背後をとられている日本軍のパイロットは素早く立場を逆転させることができた。太平洋戦争の開戦前に「ひねり込み」は全ての日本海軍航空隊のパイロットに教え込まれる共通の戦法となっており、さらには日本陸軍航空隊にも広まっていた。このことは経験の浅い連合軍のパイロットにとって致命的であった。ただし、欧米の戦闘機パイロットは格闘戦よりも、より効果的な高速での一撃離脱戦法を好んで採用していた。この戦法は飛行高度と速度、そして火力において相手よりも優位にあることを頼りにしていた。最新鋭の敵機に対する零戦の強みは速度や火力で優越することではなかったため、零戦のパイロットが一撃離脱攻撃を実行することは困難であった。

　小隊はリーダーと2機のウィングマンで構成されていた。戦闘時にはリーダーの後方を2機のウィングマンが少し高い高度で飛行する概ね三角形の隊形をとっていた。十分に訓練を積んだ小隊は、アクロバット飛行中であっても隊形を維持したまま一撃離脱戦法をとることができた。この規律ある隊形が崩れると、日本軍のパイロットは格闘戦に対する生来の本能を取り戻した。この規律ある結束力の水準には、数年にわたる訓練を経て初めて到達できた。こ

第22航空戦隊には、零戦二一型を装備した部隊が配備されていた。この部隊は司令官の山田豊の名を冠しており（訳者注：山田隊）、台南航空隊と第3航空隊から引き抜かれたパイロットが所属していた。この写真のコタバルに駐機している山田隊の零戦は、イギリス空軍からの攻撃に備えて偽装が施されている。山田隊は第22航空戦隊の爆撃機を援護する任務を担い、マレー、シンガポール、ボルネオ島西部での作戦を経て、スマトラ島とジャワ西部の作戦に従事した。
（Australian War Memorial）

の水準に台南航空隊と第3航空隊のパイロットは到達していたが、陸軍航空隊の部隊は同程度には達していなかった。

部隊と航空機

　日本海軍航空隊は、戦争に備えて1941年10月に台湾の台南に新しい戦闘機航空隊を編成した。この部隊は発足時に72機の九六式艦上戦闘機と6機の九八式陸上偵察機を配備されたが、間もなく旧式の九六式艦上戦闘機は新型の艦上戦闘機である零戦二一型に換装され、開戦時には45機の零戦と12機の九六式艦上戦闘機、そして6機の偵察機を保有していた。零戦の長距離任務や爆撃機と連携した作戦に備えるため、大規模な訓練が開始された。この部隊は、フィリピンにいるアメリカ軍の飛行場を攻撃する爆撃機の援護という非常に重要な任務を担っていた。日本軍は、海軍の空母を真珠湾攻撃へ投入したことに伴い、台湾から出撃した航空機でフィリピンに駐留するアメリカ軍の航空戦力を無力化するという賭けに出た。すぐに「ゼロ」として広く知られるようになった零戦はゲーム・チェンジャーであった。零戦は九六式艦上戦闘機の後継機であるが、九六式艦上戦闘機は機動性において卓越していたものの零戦のような航続距離はなかった。台南航空隊には九八式陸上偵察機も配備されており、これは無線機を装備していない戦闘機の誘導機としても運用されていた。台南航空隊は実戦経験が豊富なパイロットが多数を占める状態で戦争を開始し、開戦当初の数ヶ月間で非常に高い評価を得た。この部隊は開戦時にフィリピンにあるアメリカ軍の飛行場を攻撃し、1942年1月からは日本軍のオランダ領東インドへの進攻を先導した。

　日本軍は第3航空隊も精鋭部隊とみなしていた。この部隊は戦闘機のみで編成された最初の部隊であり、様々な任務に対応できるように複数の機種を配備するという従来の方式を打ち破った部隊であった。第3航空隊は1941年4月に戦闘機と爆撃機の混成部隊として編成されたが、9月には戦闘機のみの部隊へと組織改編された。ほとんどのパイロットが経験豊富であり、中国で幅広い任務に従事していた。この部隊は10月中旬に台湾の高雄へ移動したのち、フィリピンにあるアメリカ軍の飛行場を長距離攻撃するための集中訓練を開始した。最も重要なアメリカ軍の飛行場があるクラーク基地までは約600マイルの距離があったため、可能な限り燃料を節約し

て最高の燃費を実現することが成否の鍵を握っていた。開戦時に、この部隊には45機の零戦と12機の九六式艦上戦闘機、そして6機の九八式陸上偵察機が配備されていた。日本軍は、わずか数日でフィリピンにおける事実上の航空優勢を獲得した。早くも1月15日に第3航空隊はオランダ領東インドの目標への攻撃を開始し、日本軍がジャワ島東部の航空優勢を獲得した2月3日のスラバヤ攻撃で主役を務めた。

　第22航空戦隊に直属する戦闘機もあり、これには25機の零戦と12機の九六式艦上戦闘機、そして6機の九八式陸上偵察機が含まれていた。これは山田隊と呼ばれており、インドシナ南部のサイゴンの近傍にある飛行場を拠点としていた。この部隊は、開戦時にマレーとシンガポールに対する作戦へ投入できる唯一の日本海軍の戦闘機隊であった。

　零戦二一型は、1941年の極東地域における最上の戦闘機であった。日本軍の多くの戦闘機と同様に、この機体は優れた機動性を持つように設計されていた。これに加えられていたのが、東南アジア全域の目標を攻撃できる並外れた航続距離であった。この戦闘機は、1940年9月以来、中国であらゆる敵機を凌駕していた。そして、この新型戦闘機の優れた能力は十分に報告されていたにもかかわらず、マレーとオランダ領東インドの連合軍のパイロットは、自機よりも優れた性能を発揮する戦闘機への驚きを隠せなかった。零戦の最高速度は時速331マイルで、ほとんど全ての連合軍の戦闘機を凌駕しており、その上昇能力は他の追随を許さなかった。零戦は相当の武装もしており、両翼に2丁の20ミリ機銃と機首に2丁の7.7ミリ機銃を搭載していた。しかしながら、20ミリ機銃は発射速度が遅く、搭載された弾数も比較的に少なかった。零戦の最大の弱点は損傷に耐えられない（訳者注：防弾対策がなされていない）ことであった。機体を可能な限り軽くすることで長大な航続距離を実現していたため、零戦には防弾鈑あるいは被弾時に自動的に穴が塞がる燃料タンクが搭載されていなかった。ただし、全ての要素を考慮しても、この作戦において熟練のパイロットが操縦する零戦は、少なくとも連合軍の戦闘機では太刀打ちできない相手であった。

日本海軍航空隊の爆撃機部隊

　1936年4月に鹿屋航空基地で編成された鹿屋航空隊は、中国に対する1937

年から1938年の作戦において最も活躍した部隊の1つである。この部隊は、一式陸上攻撃機へと機種更新するために1941年9月に帰国して航空魚雷攻撃（以下「雷撃」）の集中訓練を開始し、開戦までには日本海軍の基地航空部隊で最高の海上攻撃部隊となっていた。この部隊の半数が11月下旬にサイゴン近郊の基地へ展開した。これは、イギリスの戦艦プリンス・オブ・ウェールズがインド洋に到着したことへ直接的に対応したものであった。3個中隊が9機の予備機とともにサイゴンに送られ、他の3個中隊は台湾にとどまった。この部隊は12月10日におけるイギリス海軍のZ艦隊の撃滅に際して鍵となる役割を果たした。また、主にセレベス島のケンダリから出撃してマレーやオランダ領東インドでの作戦全体で活躍し続け、スラバヤからオーストラリアのダーウィンや航行中の連合国艦隊に至るまでの戦域全体の目標を攻撃した。

　高雄航空隊は、1938年4月に台湾の高雄航空基地で編成された。この部隊は、まず九六式陸上攻撃機二一型が配備され、1938年から1940年の間に中国での戦闘に従事した。高雄航空隊は1941年4月に新型の一式陸上攻撃機が配備された最初の部隊となり、戦闘訓練を受けるため7月に中国にある基地へと移動した。これらの活動の間に高雄航空隊はいくつかの任務を遂行したが損失を生じることはなく、連合国との戦争開始に備えて9月初旬に高雄へと戻った。開戦時に高雄航空隊には6個中隊があり、合計54機の爆撃機が配備されていた。この部隊の太平洋戦争開戦時における最初の戦闘任務は、フィリピンにあるアメリカ軍の飛行場に対するものであった。このクラーク基地への攻撃は、1機の一式陸上攻撃機を失いつつも大成功を収めた。この部隊は1月にホロ島へ移動し、1月8日にタラカンへの空襲をもってオランダ領東インドに対する作戦を開始した。ケンダリが占領されると、すぐに高雄航空隊の大部分が拠点を移した。この部隊は2月3日のスラバヤに対する最初の攻撃に参加し、その後にアメリカ海軍の水上機母艦ラングレーを撃沈した。

　元山航空隊は1940年11月に元山市（朝鮮半島の元山）で編成され、当初は九六式陸上攻撃機一一型が配備されていた。この部隊は、中国で実戦経験を蓄積して1941年9月に元山へ戻り、その翌月に台湾の高雄へ移動した。開戦時に4個中隊で合計36機の九六式陸上攻撃機を擁していた元山航空隊は、イギリス海軍のZ艦隊に対する攻撃に参加したほか、マレーとシンガ

ポール、そしてスマトラ島の目標を攻撃する一連の作戦で活動し続けた。

　美幌航空隊は、1940年10月に北海道の美幌飛行場で編成された。この部隊は、1941年に中国で短期間の実戦を経験して同年8月に日本へ戻り、36機の九六式陸上攻撃機二一型と二二型を擁する4個中隊で戦争に突入した。美幌航空隊はZ艦隊への攻撃に参加し、そのまま作戦間を通じて活動し続けた。

　最後の爆撃機部隊である第1航空隊は1941年4月に鹿屋で編成され、当初は36機の九六式陸上攻撃機と24機の九六式艦上戦闘機が配備されていた。この部隊は、訓練の後に中国へ展開して6月から8月にかけて実戦経験を積み、日本へ戻ると戦闘機部隊が取り除かれ、11月中旬に第21航空戦隊の隷下部隊として台湾へ移動した。この部隊の最初の戦闘任務は、フィリピンにあるアメリカ軍の飛行場に対するものであった。2月1日までに第1航空隊はケンダリに展開してジャワ東部への攻撃に参加し、それから2月19日のダーウィンに対する攻撃にも加わった。その後、この部隊は2月下旬に南太平洋のラバウルへ移動し、アメリカ海軍の空母レキシントンとの戦闘で生じた大きな損失を穴埋めすることになった。

　九六式陸上攻撃機（のちに連合軍がつけたコードネームは「ネル（Nell）」）は、日本海軍の初となる陸上配備型の中型爆撃機であった。設計作業は1933年に海軍航空本部の技術部長であった山本五十六提督の命により開始された。山本は、中部太平洋に進出したアメリカ海軍に対抗する日本海軍の邀撃漸減戦略を支えるために長距離爆撃機が必要であることを見通していた。九六式陸上攻撃機は1936年の半ばに生産が開始され、1発の1,760ポンド魚雷または同程度の爆弾を搭載して2,365マイルを飛行できたことで大成功を収めた。この航空機は、防御を犠牲にして航続距離を延伸するという海軍航空隊の設計の見本となった。九六式陸上攻撃機は、太平洋戦争が開始された時に一式陸上攻撃機へと更新されている最中であったが、最も機数の多い日本海軍の陸上配備の爆撃機であった。この忘れられた航空機が1941年12月にイギリス海軍の戦艦プリンス・オブ・ウェールズを撃沈した主役であったことは、かろうじて記憶に残されている。九六式陸上攻撃機は1937年8月から中国の目標に対する長距離爆撃を行なっていたが、イギリス海軍は日本海軍が長距離を飛行して効果的な雷撃を敢行できる航空機を有しているとは想像すらしていなかったのである。

開戦前に鹿屋航空隊と高雄航空隊には、この写真のような新型の一式陸上攻撃機が配備され
ていた。一式陸上攻撃機一一型は1941年12月に運用が開始された型式の機体であり、最高速
度は時速266マイルに達した。防御のための武装は、尾部に備え付けられた20ミリ機銃と、4丁の
旋回機銃であった。この航空機の爆弾搭載量は九六式陸上攻撃機と同じであったが、航続距離
は3,256マイルに延伸された。一式陸上攻撃機は、誰もが認める弱点はあったものの、マレーと
オランダ領東インドでの作戦においては傑出した爆撃機であった。
（Yasuo Izawa（伊沢保穂）Collection）

　もう1つの戦争初期の段階における日本海軍の傑出した陸上配備型の爆
撃機は、一式陸上攻撃機であった。これは九六式陸上攻撃機の後継機であ
り、終戦まで生産を続けられることになった。戦争の後半に連合軍が「ベ
ティ（Betty）」のコードネームをつけた一式陸上攻撃機は、1発の1,760ポ
ンド魚雷または同等の重量の爆弾を搭載できる長距離海上攻撃機として設
計された。この航空機の3,256マイルの航続距離は中距離爆撃機として驚
異的であり、東南アジアへの日本軍の進出を支援するのに最適であった。
また、この爆撃機は時速266マイルの高速を誇り、4丁の7.7ミリ機銃と尾
部の20ミリ機銃という強力な自己防御用の火器を装備していた。一式陸上
攻撃機は素晴らしい攻撃機であったが、零戦の場合と同様に、この日本海
軍の最新鋭爆撃機の性能は可能な限り機体を軽量化することによって達成
されていた。これは、一式陸上攻撃機には搭乗員のための防弾装甲鈑や主
翼に搭載された1,294ガロンの燃料タンクの防弾措置（訳者注：被弾時に自
動的に穴が塞がる仕様にする措置）がなかったことを意味しており、これら
を連合軍につけ込まれたならば、言うまでもなく脆弱であった。

九六式陸上攻撃機は、戦争初期の段階における日本海軍航空隊の主力爆撃機であり、1936年に多くの部隊に配備され始めた。開戦時に最も多かった型式は九六式陸上攻撃機二二型であり、最高速度は時速232マイルであった。また、この写真に見られるような機体背面（訳者注：上部）の格納式銃座にある1丁の20ミリ機銃の砲塔と防振支持された（訳者注：反動を機体に影響させないように備え付けられた）4丁の7.7ミリ機銃といった防御用火器を装備していた。この航空機の航続距離は傑出していたが、爆弾搭載量は中距離爆撃機として平凡なものであった。

(Philip Jarrett Collection)

　九八式陸上偵察機は、高速偵察機として設計された。この航空機は時速303マイルの最高速度を発揮することで、当時のほとんどの連合軍の戦闘機から逃げ切ることができた。日本海軍の仕様である九八式陸上偵察機には海軍用無線機とカメラ機器が搭載されていた。九八式陸上偵察機は、しばしば単発戦闘機の誘導機として用いられた。この機体の高性能は、全ての他の日本軍の航空機と同様に、防弾鈑や防弾仕様の燃料タンクがないことの代償として獲得されていた。

水上機母艦と特設水上機母艦
　日本海軍の空母はすべて真珠湾作戦に投入されたため、東南アジア進出に差し向けられる空母はほとんど残っておらず、軽空母「龍驤」のみが南方作戦（日本軍の東南アジア攻勢作戦の名称）に割り当てられた。1931年に

進水した龍驤は失敗作で、設計上の不具合を是正するため、開戦までに2度の改修が行われた。龍驤は、公称では48機の航空機を搭載できたが、東南アジアにおける作戦で搭載されたのは26機（これと別に8機の予備機）のみであった。龍驤に搭載された航空隊は、12機の九六式艦上戦闘機と14機の九七式艦上攻撃機「ケイト（Kate）」の部隊であった。龍驤の飛行甲板は狭かったため、1回の出撃あたりで艦上に並べられるのは6機の九七式艦上攻撃機のみであり、その有効性を大幅に制限していた。九七式艦上攻撃機は爆弾と魚雷の両方を搭載できたものの、魚雷の不足と整備上の問題のためにオランダ領東インド作戦では爆弾のみが使用された。

　マレーとオランダ領東インドで進攻船団を護衛するための日本海軍の計画において見過ごされてきた側面があるのは、水上機母艦と特設水上機母艦の大規模な運用である。これらは比較的多数の水上機（訳者注：フロート付きの航空機）を搭載できたため、極めて有効な戦力であった。水上機は艦上のカタパルトから発進し、帰投時は着水して水面に浮かんだ状態からクレーンで吊り上げて戻された。水上機母艦として建造された千歳と瑞穂は、それぞれ24機の水上機を搭載できた。これらを補強していたのが、開戦直前の時期に大型で高速の補給艦を改装した多数の特設水上機母艦であった。4隻の特設水上機母艦が東南アジア進出を支援するために割り当てられ、神川丸には14機、相良丸と讃岐丸、そして山陽丸には各8機が搭載されていた。最も多く使われた水上機である零式観測機は、最高速度が時速230マイルの複座の複葉機であった。この航空機は短距離の観測機として設計されたが、機動性が非常に高く、3丁の7.7ミリ機銃を装備し、1発の小型爆弾を搭載できたことから、戦闘機や急降下爆撃機、そして船団護衛機といった多くの役割を果たすのに適していた。もう1つの典型的な搭載機は、3座で単発の零式水上偵察機であった。この航空機の最高速度は時速234マイルであり、15時間に及ぶ航続時間と1,100マイル以上の航続距離を発揮したので、全般的な哨戒や偵察任務で優れた役割を果たした。

機動部隊

　機動部隊（通常の表現は打撃部隊（Striking Force））とは、日本海軍の空母部隊のことである。機動部隊は3つの空母艦隊からなり、それぞれの空母艦隊は2隻の空母と、これらを重厚に護衛する2隻の高速戦艦と2隻の重

巡洋艦、そして軽巡洋艦が率いる駆逐艦群で構成されていた。6隻の空母それぞれが3個の航空隊を搭載していた機動部隊は、400機以上の航空機を擁する恐るべき海軍航空戦力の集合体であった。搭載された航空隊には、零戦を装備した戦闘機隊と九九式艦上爆撃機の急降下爆撃機隊、そして九七式艦上攻撃機の攻撃機隊が含まれていた。これらの航空隊には日本海軍の精鋭パイロットが集められており、機動部隊は単一の目標に対して最高の技量を持つパイロットが操縦する圧倒的な数の優秀な航空機を投入できる、地球上で最強の海軍戦力となっていた。機動部隊は真珠湾攻撃に投入されたが、連合艦隊司令長官の山本提督はオランダ領東インドでの作戦の最終段階を支援するために機動部隊を東南アジアに差し向けることを計画していた。この作戦において、機動部隊は1月14日に初めて姿を現し、2月19日に4隻の空母から188機を出撃させてダーウィンへの衝撃的な爆撃を敢行した後で、オランダ領東インドから退避しようとしている連合軍の艦船を捕捉するためにジャワ島の南側へと移動した。機動部隊によるジャワ島への攻撃は、3月5日に180機をもって敢行されたチラチャップ港に対するもののみであった。日本軍の基地航空部隊が航空優勢を確保していなければ、機動部隊はジャワ島に対して更に関与していたかもしれなかった。

日本陸軍航空隊

　日本陸軍航空隊は、いくつかの航空軍で構成されていた。それぞれの航空軍は、最大で3個の飛行師団（訳者注：開戦時は「飛行集団」と呼称されていたため、以下「飛行集団」と表現）で編成され、各飛行師団は通常3個の飛行団からなっており、この組織編成で多数の飛行戦隊（訳者注：原文は「戦隊」とあるが当時の呼称である「飛行戦隊」と表現）と独立飛行中隊（訳者注：飛行団や飛行戦隊ではなく、航空軍や飛行師団に直属する飛行中隊）を統括していた。日本陸軍航空隊の飛行団は、概ねイギリス空軍の航空団（Wing）と同じ規模であり、各飛行団は通常3個の飛行戦隊で構成されていた。飛行戦隊は、日本陸軍航空隊の作戦の基本単位で、独立して作戦遂行することができ、アメリカ空軍の飛行群（group）と同程度の規模であった。飛行戦隊は、通常、3個の中隊と1個の本部小隊で構成されていた。また、独立飛行中隊もあり、その多くは偵察機で構成されていた。飛行隊

は、いくつかの独立飛行中隊を統括するために編成された。

　マレーの第25軍とビルマの第15軍の支援に割り当てられた日本陸軍航空隊の部隊は、第3飛行集団であった。菅原道大中将が指揮する第3飛行集団は、4個の飛行団と14個の飛行戦隊、そして1個の独立飛行中隊のほか、5個以上の独立飛行中隊を統括する2個の飛行隊からなる大部隊であった。この部隊に配備された作戦機の総数は500機弱であり、その内訳は189機の戦闘機と269機の各種爆撃機、そして35機の偵察機であった。これらのうち81機を擁する第10飛行団が、それぞれ1個の戦闘機戦隊と軽爆撃機戦隊と重爆撃機戦隊でビルマでの作戦を支援することが計画されていた。

日本陸軍航空隊のドクトリン

　日本陸軍航空隊は、現代では攻勢対航空作戦として知られている伝統的な作戦概念を採用しており、これを専門用語で「航空撃滅戦」と呼称していた。航空撃滅戦とは、爆撃機と戦闘機で集中的かつ持続的に攻撃することで可能な限り敵の航空機を地上で破壊し、空中にいる敵機を戦闘機で撃破するというものであった。航空優勢を獲得した時点で、陸軍航空隊は地

九七式戦闘機は日本陸軍航空隊が格闘線を好んだことを典型的に示している。九七式戦闘機は格闘戦では最高の戦闘機であったが、欧米の空軍が好む戦い方となった高高度からの一撃離脱戦法には適していなかった。固定脚であることから、旧式の機体であったことが見てとれる。
　　　　　　　　　　　　　　　　　　（Netherlands Institute for Military History）

上部隊への支援に注意を向けられるようになったが、第3飛行集団と第25軍の間には作戦期間を通して摩擦があった。それは、第25軍が航空部隊は地上作戦の支援に十分な力を充当していないと考えていたからであった。実際のところ、1940年に制定された最新のドクトリン（訳者注：運用規範書）である「航空作戦綱要」では、「航空撃滅戦」と地上作戦への協力（訳者注：対地支援作戦）との調和の必要性が提唱されていた。この作戦において第3飛行集団は、地上部隊の戦力を増強する部隊としてというよりも、むしろ単体の独立した空軍として行動していた。この作戦を通じて第3飛行集団は対航空作戦を重視し続けており、これはイギリス空軍がほとんど脅威とはならないことが明らかになってからでさえも変わることはなかった。

日本陸軍航空隊の部隊と航空機

　日本陸軍航空隊は、マレーでの作戦を支援するために5個の戦闘機の飛行戦隊を投入した。これらのうち3個の飛行戦隊は依然として旧式の九七式戦闘機（のちに連合軍がつけたコードネームは「ネイト（Nate）」）を装備しており、2個の飛行戦隊には一式戦闘機（連合軍のコードネームは「オスカー（Oscar）」）が配備されていた。九七式戦闘機を装備した部隊は、飛行第1戦隊と飛行第11戦隊、そして飛行第77戦隊であった。飛行第1戦隊は1915年に日本陸軍が設立した最初の飛行部隊であり、1939年6月から10月にかけてのノモンハン事件でソ連軍と戦ったベテランの部隊であった。飛行第11戦隊は1932年に設立された部隊であり、これもまたノモンハンで実戦を経験した。飛行第77戦隊は1937年7月に設立され、中国で豊富な実戦経験を積んでいた。この飛行戦隊はマレーから転身して12月後半のビルマ攻撃の支援に投入されたが、そのうちの第3中隊が1月8日にマレーに戻った。

　飛行第59戦隊と飛行第64戦隊には、太平洋戦争の開戦前に新型の一式戦闘機が配備されていた。これらは、新型戦闘機が配備された最初の日本陸軍航空隊の部隊であった。飛行第59戦隊は1938年7月に設立された部隊であり、1941年6月に一式戦闘機が配備された。この部隊は、中国で実戦経験を積んでいた。飛行第64戦隊は、最初の一式戦闘機を（訳者注：1941年）9月に受領した。この部隊もまた、ロシア軍と中国軍の両方との実戦経験が豊富であった。

この作戦を通じての日本陸軍航空隊の主力戦闘機は、1937年に正式採用された九七式戦闘機であった。この戦闘機は、1941年には陳腐化しかけており、固定脚で時代遅れに見えたが、経験豊富なパイロットが操縦すると、依然として当時の連合軍の戦闘機を打ち破ることができた。九七式戦闘機の最高速度は時速292マイルで、ほとんどの連合軍の戦闘機よりも少しだけ遅かったが、優れた機動性を誇っていた。これは、日本陸軍航空隊が格闘戦を好んだことを反映したものであった。この戦闘機の武装は2丁の7.7ミリ機関銃のみであった。

　九七式戦闘機は一式戦闘機へと機種更新された。一式戦闘機は、一連の開発上の問題を経て、ほぼ開戦と同時に部隊配備が開始され、マレーで初めて実戦に投入された。この戦闘機は、九七式戦闘機と同じような優れた機動性を持っていなかったため、日本陸軍航空隊が慣れるまでには時間を要したが、引込み式の脚が採用されており、時速308マイルに増速して航続距離も延伸していた。一式戦闘機の武装は、九七式戦闘機と同じく2丁の7.7ミリ機関銃のみと貧弱であり、パイロットと燃料タンクの防護措置も施されていなかった。一式戦闘機によりもたらされた大きな改善点は、作戦行動できる範囲が半径330マイルから360マイルに拡大したことであり、これは240マイルしかなかった九七式戦闘機よりも大きく優れていた。東南アジアにいる敵の飛行場までの距離は非常に遠かったため、日本陸軍航空隊が航空優勢を獲得するというドクトリンを太平洋戦争で実行するには、より長大な作戦行動半径が必須であった。一式戦闘機の外観は零戦と似ており、連合軍のパイロットは日本陸軍航空隊が新型戦闘機を配備したことに気付いていなかったため、この2つの機種を見分けることは難しかった。一式戦闘機に弱点はあったものの、熟練したパイロットが操縦すると恐るべき対戦相手となった。

　第3飛行集団の爆撃機は、重爆撃機と軽爆撃機、そして直接協同機（訳者注：地上部隊を直接支援する対地支援機）の複数の機種があった。これらの爆撃機は、いずれもが連合軍のものと同等か、それ以上の性能を持っていた。

　日本陸軍航空隊の定番的な重爆撃機は、九七式重爆撃機一型（のちに連合軍が付けたコードネームは「サリー（Sally）」）であった。九七式重爆撃機は双発機で、連合軍からは中型爆撃機とみなされていた。日本陸軍航空隊

この写真は、飛行第60戦隊の第3中隊に配備されていた九七式重爆撃機一型乙である。日本陸軍航空隊は九七式重爆撃機と呼称していたが、この航空機はどのように見ても中型爆撃機であり、そして明らかに平凡な中型爆撃機であった。九七式重爆撃機は防御のための武装が非常に貧弱であり、装甲鈑や防弾措置された燃料タンクを装備していなかったことに加えて、標準的な航続距離も約932マイルと精彩を欠いていた。(Philip Jarrett Collection)

は、アメリカ軍のB-17のような本格的な重爆撃機を保有していなかった。九七式重爆撃機は、1938年8月に部隊配備が開始され、初号機は飛行第60戦隊に配置された。この新型爆撃機は、中国での作戦で成功を収めた。太平洋戦争の開戦前における最新型は九七式重爆撃機二型甲であった。この航空機は従来の型式よりも最高速度と上昇限界高度が強化されていたが、このような改良が加えられていてさえも既に陳腐化の途上にあった。この爆撃機の性能は平凡であり、最高速度は概ね時速302マイル、標準的な爆弾搭載量は1,653ポンドであった。この機体には装甲鈑や防弾措置された燃料タンクが装備されておらず、わずか5丁の小口径（7.7ミリ）機関銃しか搭載されていなかったため、防御能力に問題があったが、操縦しやすく整備も容易であったので搭乗員には好評であった。

　第3飛行集団には、4個の重爆撃機の飛行戦隊、すなわち飛行第12、第60、第62、そして第98戦隊が配属されていた。飛行第12戦隊は、中国での作戦やノモンハンでのソ連軍との戦闘を経験していたが、九七式重爆撃機が配備されたのは1940年になってからであった。飛行第60戦隊は、最初に九七式重爆撃機が配備された部隊の1つであり、中国で短期間の実戦経験を積んでいた。飛行第62戦隊は1941年10月に設立され、すぐにマレーで戦って12機を失い、その後にビルマへ移動した。飛行第98戦隊は1938年に設立され、1938年末に九七式重爆撃機が配備された。120機以上の九七式重爆撃機が作戦開始の時点で投入できる状態にあった。

　日本陸軍航空隊の標準的な軽爆撃機は、双発の九九式双発軽爆撃機一型であった。この作戦においては、飛行第75戦隊と飛行第90戦隊の2個の飛行戦隊が、この軽爆撃機を運用していた。飛行第75戦隊は中国での実戦経

験があったが、九九式双発軽爆撃機が配備されたのは開戦直前であった。飛行第90戦隊も実戦経験があり、九七式軽爆撃機から九九式双発軽爆撃機への機種更新を開始したのは1941年7月であった。開戦時に配備されていた機体は九九式双発軽爆撃機一型であった。九七式重爆撃機と同様に、この軽爆撃機は中国では十分に能力を発揮したものの、最新の敵機に対しては脆弱であった。九九式双発軽爆撃機の最高速度（時速298マイル）では迎撃を回避できず、4名の搭乗員と燃料タンクのための防護措置が欠けており、防御用の武装も3丁の7.7ミリ機関銃のみであった、その最大積載量は、わずか882ポンドであった。

　九七式軽爆撃機が日本陸軍航空隊に正式採用されたのは、1938年であった。この軽爆撃機は操縦や整備が容易であったが、開戦時には時代遅れになっており、敵からの脅威がある空域で作戦を行うことはできなかった。連合軍から「アン（Ann）」のコードネームをつけられた九七式軽爆撃機は、特段の特徴がない単発で複座の航空機であった。この軽爆撃機の最高速度は、わずか時速263マイルであり、爆弾の最大積載量も882ポンドに過ぎなかった。機体には装甲鈑や防弾仕様の燃料タンクが装備されておらず、防御用の武装は主翼に搭載された1丁の7.7ミリ機関銃と、もう1丁の7.7ミリ機関銃が尾部にあるのみであったため、敵の戦闘機に捕捉されればひとたまりもなかった。この航空機は飛行第27戦隊と飛行第31戦隊が運用しており、両方の飛行戦隊とも中国で実戦経験を積んでいた。

　偵察は、九九式襲撃機、一〇〇式司令部偵察機、九七式司令部偵察機、九八式直接協同偵察機といった様々な機種で行われた。九九式襲撃機は対地攻撃にも使用された九七式軽爆撃機の改良型であり、防御力と機動性が増していて搭乗員に好まれていた。九七式司令部偵察機二型は速度の速い単発の複座機で、高高度での作戦が可能であった。この航空機は日本海軍航空隊の九八式陸上偵察機の陸軍型であり、一〇〇式司令部偵察機に機種更新された。一〇〇式司令部偵察機二型は、数あるなかで傑出した航空機であり、戦争全体を通じて最も優れた偵察機の1つであった。開戦時に運用されていた一〇〇式司令部偵察機二型は、2基の強力な1,050馬力のエンジンを搭載しており、最高速度は時速375マイルで、運用可能な最高高度は35,000フィートを少しだけ超えていた。この航空機は高速性と高高度を兼ね備えており、東南アジアの連合軍の戦闘機をほとんど寄せ付けなかっ

最高速度が時速300マイルに満た
ず、わずかに3丁の機関銃で防御
し、装甲鈑や防弾仕様の燃料タン
クもなく、最大積載量が882ポンド
の軽爆撃機が何らかの成功を収
めることができたという事実は、こ
の作戦を通じて連合軍の防空が
脆弱であったことを実証している。
この写真は、この作戦において日
本陸軍航空隊の軽爆撃機で最も
機数が多かった九九式双発軽爆
撃機である。
（Philip Jarrett Collection）

た。一〇〇式司令部偵察機は、戦域全体で高高度偵察を行うため、小規模
な分遣班として各地に派遣されていた。

　日本陸軍の南方軍の指揮下には、一〇〇式輸送機と九七式輸送機を装備
した数個の輸送機部隊があった。一〇〇式輸送機は九七式重爆撃機の輸送
機型で、九七式輸送機は中距離の民間旅客機として設計されたものであっ
た。これらは日本陸軍航空隊の部隊が新しい基地へ移動するのを支援する
ために重要な兵器であり、1942年2月のパレンバンへの空挺作戦にも使用
された。

✳ 防御側の能力
極東地域の連合軍

DEFENDER'S CAPABILITIES

コンソリデーテッド社のカタリナ飛行艇は巧妙に設計されており、素晴らしい航続距離や優れた防御用の武装と積載量を備えていた。この写真は、シンガポールを拠点とした第205飛行隊の2機のカタリナが戦争前に訓練しているところを撮影したものである。カタリナは長距離哨戒機として卓越した役割を果たした。

(Library of Congress)

マレーのイギリス空軍

全般状況

　戦争がヨーロッパの北西部と地中海で激しくなっているなか、極東にいるイギリス空軍の戦力は重要視されていなかった。しかしながら、日本軍による積極的な動きは、イギリスがアジアでの戦争の可能性に備えなければならないという現実を浮き彫りにした。極東のイギリス空軍は、少なくとも366機の最新の航空機を保有するレベルにまで増強される必要があると1940年に決定されたが、これは極東のイギリス空軍の幹部達が推奨した566機よりも遥かに少なかった。イギリスは、いずれの数字も日本との戦争が勃発するまでに満たすことができなかった。極東軍の空軍司令官であるコンウェイ・プルフォード（Conway Pulford）空軍少将が運用できたのは、わずか158機のみであり、そのほとんどが第一線級の航空機ではなかった。極東軍のイギリス空軍には、イギリス空軍の9個の飛行隊、オーストラリア空軍の5個の飛行隊、ニュージーランド空軍の2個の飛行隊が配属されていた。

指揮系統

　1940年の後半に極東軍司令官の配置が創設された。ロバート・ブルック＝ポパム（Robert Brooke-Popham）空軍大将が初代司令官に任命され、11月24日に司令部がシンガポールに開設されて運用を開始した。ブルック＝ポパムに代わって新たに極東軍の空軍司令官になった将校がプルフォードであった。彼は、マレーとシンガポールに所在する全ての航空部隊の作戦の責任者であった。1941年7月には、E・B・ライス（E. B. Rice）空軍大佐が初代のシンガポールの戦闘機防衛指揮官とマレーの防空調整官に任命された。イギリス陸軍がマレーとシンガポールの両方の対空防御を担っていることに変化はなかった。

　指揮系統は、ブルック＝ポパムの新しい配置を創設した以降もぎこちないままであった。彼はマレー、シンガポール、ビルマ、イギリス領ボルネオ、そして香港における陸軍と空軍の防衛計画や訓練、作戦を調整する責任を負っていたが、その権限は限定されていた。彼の責任担当区域内の陸軍とイギリス空軍の部隊は、それぞれの軍種の指揮系統の下に置かれたま

オランダ軍のグレン・マーティン爆撃機の搭乗員は、シンガポール到着後にプルフォードに出迎えられる。イギリスは、オランダ領東インド防衛のためにシンガポールは極めて重要であるとオランダを説得した。これに促されてオランダは、いくつかの戦闘機と爆撃機の飛行隊で作戦前と作戦中にシンガポールの防衛を増強した。
（Netherlands Institute for Military History）

まであったため、これらの部隊を完全に統制することすらできなかった。この地域のイギリス海軍はロンドンから直接指揮され、植民地の知事や公務員たちはロンドンにいる大臣から直接に指示を受けていた。どうしようもない状況に陥ったブルック＝ポパムは、お手上げ状態であった。彼の司令部には7人の幕僚がいたが、彼に課せられた多くの業務を行うには明らかに不十分であった。彼は、任命されてから太平洋戦争が始まるまでの1年間で、極東軍の駐屯地を強化することや、あるいは名目上の指揮下にある多くの組織間で防衛計画を調和させることにおいて、限られた成功しか収められなかった。ブルック＝ポパムは1941年11月1日に交代することになっていたが、日本との戦争が迫っていたために交代が行われることはなかった。戦争が始まると、ブルック＝ポパムは必要とされるリーダーシップを発揮できないことが明らかとなったため、ロンドンは12月27日にヘンリー・ポーノール（Henry Pownall）中将に指揮権を移譲させることにした。

飛行場と飛行場の防衛

　ロンドンの参謀長は、マレーとシンガポールに駐留する航空戦力の増強を1940年7月に承認した。イギリス空軍は、想定された366機の航空機を新たな飛行場に配備することで、偵察や爆撃をできる範囲を拡大したいという思惑を持って植民地を調査した。この過程においてイギリス空軍は、いかにして新しい飛行場が防衛されるようになるのかについて陸軍と相談しなかった。陸軍は飛行場の地上部分の防衛と対空防御に責任を負っていた

日本軍の空襲を受けて炎上しているシンガポール。日本軍が最優先した攻撃目標は島にある海軍基地と4つの飛行場であったが、しばしば日本軍は都市そのものを攻撃して多くの犠牲者を出した。この作戦において、都市や近傍の軍事目標を防衛しているイギリス軍の防空部隊は、ほぼ全く効果を発揮しなかった。

(Library of Congress)

ので、これは重大な手ぬかりであり、日本との戦争に至るまでの間にイギリスの防衛計画が混乱していたことの1つの現れであった。イギリス空軍は、進攻部隊をマレーに到着させないように遠方で食い止めるため、新たな飛行場を可能な限り前方に設置することを望んでいた。これは、新たな飛行場の多くがマレー北部と東海岸沿いの場所に設置されることを意味しており、これらの全ての施設を限られた数のイギリス軍の地上部隊で強力に防衛することはできなかった。その結果、イギリスが建設した新たな施設は、日本軍が簡単に占領して利用できることになった。新たな飛行場の配置も、日本軍がインドシナ南部に飛行場を確保すれば簡単に到達できる範囲内にあることを意味していた。

　新しい飛行場を建設する計画は野心的なものであったが、実際のところ、あまりにも広範囲であったため、実行に際して契約できる請負業者の能力を遙かに超えていた。労働力と建設資材、そして建設機器の全てが不足していたため、1941年末の完成という目標は達成されなかった。分散エリア（訳者注：爆撃等による被害を限定するために航空機を分散して配置するために必要な施設等）の建設はほとんど行われず、駐機している航空機を爆風から防護するための土塁の設置も不十分であった。偽装（カモフラージュ）も全く施されておらず、駐機している航空機が格好の標的となった。ほとんどの飛行場の滑走路は整地されておらず、その多くがモンスーンの季節には泥沼になる緑地帯であったことが、整備と補修を妨げていた。

　拡張計画は7つの既存の施設の改修と16の新たな施設の建設を焦点としていたが、開戦時には依然として数多くの作業が手つかずのままであった。

イギリス空軍の飛行場の状態：1941年12月8日

基　地	高射砲	分散エリア	滑走路の路面
◎マレー			
アロルスター	3インチ砲×4門	完成	舗装
バターワース	なし	未完成	舗装、拡張中
ジャビ	なし	なし	水平化、未舗装
ルボック・キアップ	なし	なし	一部を舗装
ペナン	なし	なし	草地
スンゲイパタニ	3.7インチ砲×7門	概ね完成	草地
ゴン・ケダック	3インチ砲×3門	概ね完成	舗装
コタバル	3インチ砲×4門	概ね完成	草地
マチャン	なし	なし	舗装
クアンタン	なし	完成	草地
イポー	なし	なし	草地／舗装
クアラルンプール	なし	なし	草地
クルアン	なし	完成	草地、舗装工事中
カハン	なし	完成	草地
◎シンガポール島			
カラン	注	完成	草地
セレター	注、40ミリ砲×8門	完成	草地
セレバワン	注	完成	草地
テンガ	注	部分的に完成	草地とコンクリート

注：飛行場はシンガポール市街地と海軍基地の高射砲によって防護されていた。

航空警戒システム

　1940年7月に施設の拡張を開始した時、防空システムは白紙状態から構築せねばならなかった。この作業は1941年末までの完了が計画されていたが、飛行場建設の場合と同様に、この期限内の完成は不可能であることが証明された。効果的な防空システムは最新の航空機、レーダー、警報関連装置、固定通信、高射砲、そして何よりも訓練された要員が必要であったが、これらの全てが開戦時には存在しないか、または不足していた。

　日本軍の航空攻撃への警報は、全くもって不十分であった。20基のレーダー建設が計画されたものの、わずかに6基しか開戦時には整っていなかった。これらの全てがシンガポールまたはその周辺に配置されており、4

戦域の全体にわたり連合軍の飛行場の防衛は脆弱であり、オランダ軍の飛行場の防衛が最も弱かった。この写真の105ミリ高射砲は、オランダ領東インドの全域で4門のみが運用できる状態であった。
（Netherlands Institute for Military History）

基は海上から接近してくる航空機を130マイルの距離で探知して警報を発することができるようシンガポール島に配置され、ほかの2基はジョホールの南東部と南西部の突端に配置された。レーダーに加えて、イギリス空軍は本国の観測部隊を参考にして同様の部隊を設立したが、民間人の志願者はほとんど組織されておらず、相応の訓練も設備も通信機器も不足していた。マレー中央部の山地のジャングル地帯は、この地域にいかなる観測所も設置できないようにしていた。観測員達はシンガポールとクアラルンプールにある2つの統制所に報告し、これらの統制所はオランダ領東インドにあるオランダ軍の観測システムと結び付けられていた。結局のところ、警戒覆域は精緻に計画されていたものの複数の大きな欠落部があり、これが作戦の間に解消されることはなかった。戦争が始まった時、シンガポールにある戦闘機の管制所は運用を開始したばかりであった。

高射部隊

　1941年12月のマレーでは、高射砲が不足していた。マレーの高射部隊の主任将校は、バトル・オブ・ブリテンの経験から、飛行場を防衛するためには最低でも8門の大型（3.7インチ）の高射砲と16門の小型（ボフォース40ミリ）の高射砲が必要であるとしていた。ブルック＝ポパムは、各飛行場に大型と小型の対空兵器それぞれ8門を配備する約束を得ていたが、前掲の表にあるとおり、この削減された数でさえ満たされておらず、ほとんどの飛行場が無防備であった。その例外はシンガポールにある4つの飛行場であり、これらは空軍と海軍の基地、そしてシンガポールの市街地を守るために島内へ集中配備された高射砲によって防御されていた。3.7インチ

これはハドソン爆撃機の横で会議しているイギリス空軍とオランダ軍の搭乗員の写真である。
ほとんどのイギリス空軍とオランダ軍の爆撃機搭乗員は、開戦前に作戦や戦闘を経験していなかった。戦争が始まったとき、多くの連合軍の搭乗員は飛行訓練を終えたばかりの新人だった。
(Library of Congress)

砲とボフォース40ミリ機関砲は最新兵器であったが、実際に運用できた高射砲の3分の1は第一次世界大戦時に設計された3インチ砲であった。高度測定装置と火器管制装置も不足しており、これらは手動入力できた時に限り使用することができた。

　訓練は標的と標的曳航機の不足により制限されていた。早期警戒の問題は、頻繁に雲が空を覆い隠して地上から航空機を発見することを困難にしたので、高射部隊要員の状況をさらに悪化させた。運用可能な探照灯は僅かであり、これらはシンガポールに配備されていた。友軍戦闘機との連携は、この地域では経験がなく訓練も行われていなかったために皆無であった。この問題は非常に深刻であり、12月8日の夜に日本軍がシンガポール

を襲撃した際に戦闘機は1機も離陸を許可されなかった。最も発展していたシンガポールの防空システムでさえも、日本軍の爆撃から島を守ることは難しかった。日本軍の爆撃機は通常24,000フィートで接近してきたが、レーダー覆域が不十分であり、イギリス空軍の戦闘機は同じ高度に達するまでに35分を必要としたため、迎撃のために十分な時間を得られることは滅多になかった。ボフォース40ミリ機関砲は低高度の航空機に対してのみ有効であった。30門の3インチ砲は爆撃機の高度に届かず、この高度の目標と交戦できたのは50門のレーダー制御された3.7インチ砲のみであった。

戦闘機の飛行隊

　極東のイギリス空軍は、ほとんど全てが完全に時代遅れの航空機で構成されていた。ヨーロッパと北アフリカでの戦争に対応するため、そしてソ連への武器貸与の開始に伴い、極東に増強できる航空機はほとんどなかった。東の方に船で送られたのは、わずかな例外を除いて二線級の航空機であった。イギリス空軍が開戦の前年に多くの飛行隊をシンガポールに新設したのは確かであり、1941年12月の開戦前の半年間でイギリス空軍の極東司令部に配属された航空機搭乗員の数は2倍になった。これらの新しい飛行隊にはヨーロッパでの戦闘を経験した数名のベテランが配置されたが、大多数は訓練部隊から直配された新人であった。極東地域において全体的に航空機搭乗員が経験不足であったことは、1941年1月から9月までの高い事故率によって示されていた。この間に67件の事故が発生し、22機が失われたほか31機が深刻な損傷を受け、48名の搭乗員が命を落とした。

　イギリス空軍極東軍の飛行隊に配備されていた標準的な戦闘機は、アメリカ製のブルースター・バッファローであった。この航空機が選ばれたのは性能によるものではなく、取得が可能であったからであった。開戦時の極東地域には、イギリス空軍の第243飛行隊、オーストラリア空軍の第21飛行隊と第453飛行隊、そしてイギリス空軍（ニュージーランド）の第488飛行隊を含む4個のバッファローの飛行隊があった。これらの飛行隊に配属された118名のほとんどが未熟な搭乗員であり、このうち28名が作戦の間に戦死したり捕虜にされたりした。

　イギリス空軍（ニュージーランド）の第488飛行隊の状況は典型的なものとみなせるだろう。1941年9月にウェリントンで新設された第488飛行隊は、

9月11日にシンガポールに向けて船で出発し、オーストラリアを経由して10月11日に現地へ到着した。この飛行隊は、その翌日に正式に発足した。この新しい部隊はシンガポールのカラン飛行場に展開し、ここを作戦期間中の拠点とした。飛行隊長のウィルフ・クラウストン（Wilf Clouston）空軍少佐は、ニュージーランド初の戦闘機の飛行隊を新設するにあたっての適任者であった。彼はニュージーランドで生まれ、1936年からイギリス空軍で飛行していた。搭乗員は、シンガポール到着後、ブルースター・バッファローへの機種転換訓練のためにマレーのクルアンへ派遣された。パイロットは、クラウストンと2人の編隊長を除き、誰一人として何の経験も持ち合わせていなかった。21機のバッファローは、実のところ第67飛行隊がビルマへ移動した時に残していったもので、可動機は全くなかった。工具や予備の部品もなかったが、ニュージーランド人たちは自分たちの航空機の大半を可動させるため、同じバッファローを飛ばしていたカラン飛行場の第243飛行隊とオランダ軍の飛行隊から十分な予備の備品をくすねていた。作戦可能な状態になれるよう取り組んでいた第488飛行隊は、作戦行動を開始する前に12機の航空機と2名のパイロットを失った。航空機には無線が搭載されておらず、いったん空に上がると意思疎通は手信号に頼らなければならなかった。訓練は、イギリス本国が定めた無気力な勤務計画によって阻害された。勤務時間は7時30分から12時30分までに制限されて午後のほとんどは何もなく、水曜日には半日休暇が設定され、日曜日には全く仕事をすることが認められていなかった。

　第488飛行隊のバッファローが最初に日本軍と会敵したときの結果は、予想できたとおりであった。1月12日、戦闘機に護衛された27機の爆撃機の編隊を迎撃するために8機のバッファローが離陸した。彼らは爆撃機の高度に到達する前に、上空で優位に立っていた零戦からの攻撃を受けて退却を余儀なくされた。バッファローは2機が撃墜され、ほかの機体も損傷を受けたが、日本軍の損失は全くなかった。第2陣の6機のバッファローが30分後に離陸したが、日本軍と会敵できたのは1機のみであり、そのパイロットは生き残るために行動を中止した。この翌日、損傷を受けた5機が登録を抹消された。これらの最初の交戦は、日本軍に対してバッファローは劣勢であるという飛行隊の評価を裏付けるものとなった。1月24日には残り3機を残すのみとなるまで損耗した第488飛行隊には、9機のハリケー

ン戦闘機が再配備された。地上勤務員がありえないほどの時間を働き続けて9機のハリケーンを準備したが、1月27日の朝に日本軍の27機の爆撃機が現れてカランに爆弾を投下し、2機の戦闘機を破壊したほか7機に甚大な損害を与えた。

　ブルースター・バッファローは、もともとアメリカ海軍の空母で運用するために設計された。ヨーロッパでの戦争が始まった時、いくつかの国がバッファローを求めてブルースター社への発注を競争した。戦争準備に際してグラマン社のワイルド・キャットが米海軍の標準的な艦載戦闘機として選定された以降、バッファローは米海軍の要求性能を上回っていると考えられていた。海外に販売される派生型の339Eは、フィンランドが数機を受領し、イギリスが170機を発注していた。オランダは、より軽量で強力なエンジンを搭載した339Cと339Dを発注した。

　バッファローは、戦闘機としては最悪であった。このことをイギリス軍は早い段階から認識しており、ヨーロッパでの運用には適していないと判断していた。しかしながら、日本軍のような格下の相手には、バッファローは十分に通用するとみなされていた。バッファローの問題点は速度と機動性が不足していることであり、両方とも戦闘機にとって良い問題ではなかった。イギリス軍は、さらにバッファローの重量を増やし、最高速度を時速204マイルに落として上昇率を毎分2,600フィートに下げた。この航空

オランダ軍仕様のバッファローの型式はB-339Cと339Dであり、前者にはオランダ整のライトG-105エンジンの再生エンジンが、後者には新しい1,200馬力のライトR-1820-40エンジンが搭載されていた。戦争が勃発したとき、オランダ領東インドには71機のバッファローが配備されていた。オランダ軍の機体はイギリス空軍の仕様よりも軽量であったため、より良い性能を発揮した。オランダ軍は、燃料と弾薬の搭載量を半減させることで、さらに性能を向上させた。オランダ軍のバッファロー部隊は、ほぼ全滅するまで戦い、3月7日の時点で残っていたのは4機のみであった。30機が空で撃墜され、15機が地上で破壊されたほか、数機が運用上の理由により失われた。

（Netherlands Institute for Military History）

機は高度25,000フィート以上では運用できず、その高度に達するまでに痛々しくも35分を要した。

　当初、バッファローは4丁の0.5インチ機関銃で重武装されていた。機体を軽量化して性能を向上させるため、イギリス空軍は0.5インチ機関銃を軽量の0.303インチ機関銃に換装し、弾薬の搭載量も減らした。燃料搭載量もまた減らされた。これらの改修は、パイロットが常に弾薬または燃料の不足に直面するという新たな問題を引き起こした。

　第27飛行隊には、バッファローに加えてブリストル・ブレニムIF夜間戦闘機が配備されていた。この機体は軽爆撃機の仕様と異なり、胴体の下部に4丁の0.303インチ機関銃を揃えた銃座を備えていた。この航空機は機上レーダーを装備していなかったため、目的であった夜間戦闘機という役割での運用は限定的であった。

　増強された戦闘機の部隊は、限定的な数であった。第232飛行隊は、24名のパイロットと梱包された51機のハリケーンII戦闘機とともに船で運ばれ、1月13日に到着した。この24名のパイロットのうち、当初から第232飛行隊に所属していたのは6名のみであり、ほかは第17、第135、そして第136飛行隊から派遣された者たちであった。これは、第232飛行隊を可能な限り速やかにシンガポールへ派遣できるようにするためであった。

　第232飛行隊の残りと、もう1つの増強部隊である第258飛行隊は空母フォーミダブルに積み込まれ、48名のパイロットと49機のハリケーンII戦闘機とともにポート・スーダンを1月9日に出港した。彼らは1月28日と29日にジャワ島のクマヨラン飛行場へと飛行し、この間に機械的な故障により1機が失われた。そこから彼らはスマトラ島を経てシンガポールに向かった。この両方のハリケーン飛行部隊の状況としては、パイロットの大多数が戦闘を全く経験しておらず、訓練部隊から来たばかりの者たちであった。飛行隊長と飛行班長のみが、あらゆる作戦の経験を積んでいた。

　シンガポール陥落後、この2つのハリケーン飛行隊はスマトラ島に帰還した。そこでは地上勤務員がハリケーンを整備するための適切な工具がほとんどなく、予備の部品がないも同然であったため、非常に運用が困難であった。弾薬の補給も低調であった。地上勤務員は、実のところバッファローの飛行隊から来た者たちであり、これら全ての問題が可動率を非常に低い状態にしていた。

最初の51機のハリケーンIIBは、梱包された状態で1942年1月13日に到着した。ハリケーンの到着により、イギリス空軍は日本軍の主力戦闘機とほぼ互角の性能を有する戦闘機を得た。これは、1942年1月24日にカラン飛行場の第488飛行隊へ配備されたハリケーンIIBである。
(Andrew Thomas Collection)

　ホーカー・ハリケーンの性能はバッファローを大きく凌駕していた。この航空機は単座の単葉戦闘機であり、初号機がイギリス空軍に配備されたのは1937年であった。1941年には機体形状が古めかしくなっていたが、より近代的な戦闘機に対しても互角に渡り合うことができた。ハリケーンIIは、翼に搭載された最大で12門の0.303インチ機関銃で重武装され、最高速度は時速318マイルであった。

爆撃機の飛行隊

　極東に最も多く配備されていた爆撃機はブリストル・ブレニムであり、これらを3個の飛行隊が運用していた。第34飛行隊には16機のブレニムIVが、第62飛行隊には11機のブレニムIが配備されていた。また、開戦時にマレーで爆撃訓練を行っていて巻き込まれた第60飛行隊の分遣班には8機のブレニムIがあった。この分遣班は、生き残っていたブレニムを残して12月中旬に海路でビルマへ戻された。全体として、イギリス空軍の極東司

マレーで最も機数が多かったイギリス空軍の爆撃機はブレニムであった。この爆撃機は3個の飛行隊に配備されていたほか、開戦時に訓練のためにマレーへ展開していた1個の飛行隊の分遣班にも配備されていた。これは、戦前に訓練をしている第62飛行隊のブレニムIである。ブレニムIは、最高速度は平凡で爆弾の搭載量は少なく、そして防御は2丁の機関銃のみと時代遅れになっていた。戦闘空域における昼間帯の任務では、日本軍の戦闘機から大きな損害を被った。
(Andrew Thomas Collection)

令部は（第27飛行隊の機体を含めて）47機の運用可能なブレニムと15機の予備機を保有していた。

イギリス空軍が時代遅れの航空機を極東に送った別の例がブレニムであった。ブレニムは、最初に配備された時にはイギリス空軍で最速の爆撃機であった。この軽爆撃機は2基の840馬力のブリストル・マーキュリーVIII星型エンジンを搭載しており、当時の多くの戦闘機よりも高速で飛行することができた。しかしながら、1941年の後半になると、この速度では迎撃してくる戦闘機からの防御には不十分となった。ブレニムは、防弾装甲が皆無に近く、防御用の武装も不十分（機首と胴体背部の銃座に各1丁の機関銃のみ）であったため、迎撃に対して極めて脆弱であった。ブレニムの攻撃力もまた限定的であり、標準的な爆装はわずか2発の250ポンド爆弾のみであった。ブレニムIVは機首部分が再設計され、より強力なエンジンを搭載して装甲が追加され、合計5丁の機関銃を装備したが、依然として最高速度は時速266マイルに過ぎなかった。

もう1つのイギリス空軍が極東で運用した爆撃機は、ロッキード・ハドソンであった。当初は双発の民間輸送機として設計されたハドソンは、すぐに軍用機に転用されて1938年にイギリスに販売された。極東にはハドソンIとハドソンIIの両機種が展開していた。この航空機の最高速度は時速261マイルであり、1発の1,000ポンド爆弾を搭載することができた。

極東に配備されていた唯一の雷撃機（訳者注：航空魚雷を搭載できる爆撃機）は、旧式機のヴィッカース・ヴィルデビーストであった。これは1928年に初飛行して1931年にイギリス空軍に配備された3人乗りの複葉機であった。この航空機が1941年にも依然として運用されていたという事実は、

オーストラリア空軍の標準的な爆撃機はハドソンであり、開戦時にはマレーの2つの飛行隊に配備されていた。これは、オーストラリア空軍の第8飛行隊に配備されたハドソンIIである。新しく到着した機体の胴体背部に砲塔が装備されていないことが着目される。
（Andrew Thomas Collection）

イギリス空軍が多くの任務に対応するために酷使されていたことを示している。1941年には、最高速度が時速143マイルであったことに象徴されるように、ヴィルデビーストは時代遅れになっていた。この航空機は1発の18インチの魚雷を搭載することができた。開戦時には第36飛行隊と第100飛行隊に合計29機のヴィルデビーストが配備されていたほか、12機の予備機があった。この作戦において、ヴィルデビーストは限界が明らかであったにもかかわらず、1月31日にジャワ島へ移動して最後まで戦い続けた。3月6日に最後の2機がビルマへの飛行を試みたが、スマトラ島に墜落した。この作戦で生き残った機体はなかった。

　イギリス空軍の極東司令部の重要な任務は、洋上監視であった。この任務は、しばしばハドソンに付与され、頻度は低いもののブレニムにも割り当てられた。長距離偵察のため、第205飛行隊はコンソリデーテッド・カタリナ飛行艇を用いた。カタリナは長距離用として非常にうまく設計されていたが、低速であったため（巡航速度は時速179マイル）迎撃に対して脆弱であった。

オランダ軍

オランダ領インド陸軍航空隊（ママ）

　オランダ語で ML-KNIL（訳者注：Militaire Luchtvaart van het Koninklijk Nederlands-Indisch Leger）の頭文字で知られているオランダ領インド陸軍航空隊（訳者注：オランダ領東インド陸軍航空隊）（ママ）は、約230機の作戦機（95機の爆撃機と99機の戦闘機、そして34機の偵察機）を5個の飛行群で運用しており、各飛行群は1個から4個の飛行隊で構成されていた。この飛行群のうち3個に爆撃機が、2個に戦闘機が配備されていた。また、訓練や輸送、そして支援活動を担う補給群もあった。

　第Ⅰ飛行群にはグレン・マーティン139爆撃機が配備されており、その2つの飛行隊はボルネオとジャワを当初の根拠飛行場としていた。第Ⅱ飛行群にもマーティン139が配備されており、これに属する1個の飛行隊はジャワを根拠飛行場としていた。第Ⅲ飛行群に配備されていたのもマーティン139爆撃機であり、その2つの飛行隊がジャワに、1つの飛行隊がシンガポールに配置されていたほか、4個目の飛行隊が1941年12月に編成された。

この写真は、戦前に行われた訓練でジョホール海峡に魚雷を投下している第36飛行隊の航空機である。この航空機は、最高速度が時速143マイルに過ぎず、戦闘機の迎撃に対して話にならないほど脆弱であった。イギリス空軍は、これらの航空機の作戦投入に慎重であったが、12月26日にエンダウ沖の日本軍の輸送船団に対して出撃させた。その結果、2個のヴィルでビースト飛行隊が全滅した。
（Andrew Thomas Collection）

オランダ領東インド陸軍航空隊の主力爆撃機は、グレン・マーティン139であった。これは、ジャワ島のアンディール飛行場にいるマーティンの部隊の大部分を戦前に撮影した写真である。1941年の時点でマーティンは低速であり武装も貧弱であったが、相当量の爆弾を搭載することができた。全般的にマーティンは時代遅れであり、この作戦での能力発揮は低調であった。　　　　　　　　　（Netherlands Institute for Military History）

　2つの戦闘機の飛行群の装備は、ブルースター339バッファローとカーチス・ホーク75A-7、そしてカーチス－ライトCW-21Bの混成であった。第Ⅳ飛行群の2つの飛行隊はジャワを、もう1つの飛行隊はアンボン島を根拠飛行場にしていた。第Ⅴ飛行群にはバッファローのみが配備され、その2つの飛行隊はボルネオに、もう1つの飛行隊はシンガポールに配置された。
　オランダ領東インド陸軍航空隊の1936年から開戦までの急速な拡大と、

オランダが1940年5月以降はドイツに占領されていたという事実は、オランダ軍に深刻な困難をもたらした。パイロットの数が決して必要数を満たすことはなく、パイロットはオランダ軍人の中から、あるいは外部から補充された。パイロットの数を増やすため、将校や下士官のパイロットのための短期と長期の契約が用意された。オランダが占領された以降は、さらなる門戸が先住民に対して開かれた。訓練の時間も削減され、さらに戦闘機の飛行隊を増やすための取組みが強化された。爆撃機のパイロットは戦闘機のパイロットへと再配置され、新人のパイロットは戦闘機部隊に送られた。経験豊富な教官が不足したために訓練は不十分であり、戦術的な戦闘訓練は全く行われなかった。爆撃機の飛行隊も搭乗員が不足していたため、マーティン139の搭乗員は通常5名のところを4名に減らされた。爆撃機の飛行隊は、通常は11機の爆撃機と80名の搭乗員で編成されていたが、最低限度の訓練をした新人を補充して経験豊富な搭乗員や整備員を新しい飛行隊に異動させるという人事異動が、全ての飛行隊で頻繁に行われていた。

　バッファローは、オランダ領東インド陸軍航空隊の主力戦闘機であった。1941年の3月から6月の間に72機のB-339Dが納入された。より強力なエンジンを搭載したB-439の改良型も20機が発注されたが、全機がオランダ領東インドの陥落までに到着することはなかった。オランダは1940年の初期に24機のカーチス・ライトCW-21戦闘機を発注したが、本国の陥落により受領できなかったため、納入先をオランダ領東インドに変更して1940年10月から受け取りを開始した。この航空機は、かなりの上昇率と良好な機動性を有していたが、低速で装甲鈑も装備されていなかった。また、それぞれ2丁の12.7ミリ機関銃と7.7ミリ機関銃で重武装されていた。カーチス・ホーク75A-7がオランダ領東インドに到着したのは1940年の夏であった。

オランダ領東インドにおいて、運用可能なカーチス・ライトCW-21戦闘機はわずか24機のみであった。この航空機は迎撃機として設計されたが、損傷に耐えられないことがわかり、あまりオランダ軍に好まれていなかった。(Netherlands Institute for Military History)

1940年にオランダ軍は20機のカーチス・ホーク75A-7戦闘機の受領を開始した。この戦闘機はアメリカ陸軍航空隊のP-36の輸出型であった。この戦闘機は開戦時に運用できる状態にあったが、整備性の問題によって運用が妨げられていた。
（Netherlands Institute for Military History）

　これはオランダ領東インド陸軍航空隊のために発注された最初の単葉戦闘機であったが、わずか1個の飛行隊への配備に十分な機数しか到着しなかった。この航空機はアメリカ陸軍航空隊のP-36の輸出版であり、カーチス・ホークの系統で最初に単葉機として設計された戦闘機であった。初号機が輸出されたのは1938年であり、1941年でも通用したものの、武装は4丁の7.7ミリ機関銃のみであった。ライト・サイクロン・エンジンは整備の問題に苦しめられ、可動率は低いままであった。この作戦の後半において、オランダ軍はイギリス空軍から約20〜24機のハリケーンMkⅡbを取得した。

　標準的なオランダ軍の爆撃機は、グレン・マーティン139であった。この爆撃機は1936年に発注され、1940年3月までに121機が納入されて95機が飛行隊に配備された。この航空機は、アメリカ陸軍航空隊ではB-10と呼ばれていた。1934年に初めて部隊配備されたときには、全金属製の単葉機で高速であり、回転式の銃座と機内弾倉を備えた世界に誇れる航空機であったが、1941年には時代遅れになっていた。その最高速度は時速213マイ

オランダ軍の爆撃機が搭載した標準的な爆弾は、この写真にある300ポンド爆弾であった。グレン・マーティンが魚雷を搭載できなかったことは、対艦攻撃の有効性を低減していた。この作戦におけるオランダ軍の爆撃の精度は非常に低く、戦果は2隻の輸送船と1隻の掃海艇のみであった。
（Netherlands Institute for Military History）

ルに過ぎず、わずか3丁の0.3インチ機関銃で軽武装されているのみであった。オランダ軍は、いくつかの種類がある輸出型を主に運用していた。139WH-1型は1937年2月に、WH-2型は1938年3月に納入された。最終型式は、エンジンの強化やその他の改良が施された139WH-3型と3A型であった。オランダ軍は、この機種を更新するために162機のノース・アメリカンB-25-C-NAを発注したが、これらがオランダ領東インドに届くことは決してなかった。

オランダ海軍航空隊（MLD）(訳者注: Marine Luchtvaart Dienst の略)

　オランダ海軍も飛行艇で構成された専属の海軍航空隊を保有していた。その任務は、対戦哨戒、輸送船団や艦隊の護衛、偵察、そして機雷敷設等であった。戦力のほとんどは老朽化していたが、大型で頑丈なドルニエDo24は依然として有用な航空機であった。飛行艇は、3機で1個の飛行班を構成してオランダ領東インド周辺に分散配備された。これは戦略的に重要な港湾や海峡をパトロールするためであり、その骨幹はDo24を装備した8個の飛行班であった。しかしながら、この航空機の部品供給が1940年5月にドイツがオランダを占領したことで途絶えてしまっていたため、その運用を支えることが困難になりつつあった。1940年にオランダ軍は、Do24を更新するために48機のコンソリデーテッド・カタリナ28-5MNE型飛行艇を発注した。この航空機は、アメリカ海軍の有名なPBY-5カタリナの輸出型であった。合計で35機のカタリナがジャワ陥落前にオランダ領東インドに到着したが、部隊で運用された機数は訓練を受けた搭乗員の不足により限られていた。これは、Do24が依然としてオランダ海軍航空隊の主力機であったことを意味していた。総合すると、オランダ海軍航空隊は老朽

オランダ海軍航空隊が保有する時代遅れの航空機の典型は、1927年に運用を開始したフォッカーT.IVであった。これは雷撃機として設計されたものの、最高速度が時速160マイルであったため、この作戦での任務は近隣の哨戒や空からの洋上救助に制限された。

　(Netherlands Institute for Military History)

化した航空機で飛行せざるを得ない練度の高い部隊であった。

1941年12月7日時点で運用可能なオランダ海軍航空隊の航空機

機　種	可動機数
フォッカーT.IV	10
フォッカーC.XI-W	8
フォッカーC.XIV-W	10
Do 15	6
Do 24K	34
カタリナ28-5MNE型	約22

注：オランダ海軍航空隊は、80機のダグラスDB-7B/C軽爆撃機も発注しており、これを雷撃機として運用するつもりであった。オランダが降伏する直前に6機がジャワに到着していた。

オランダ領東インド陸軍航空隊（MLKNIL：Militaire Luchtvaart van het Koninklijk Nederlandsch-Indisch Leger）**の戦力組成**

部　隊	配　置
第I飛行群	
第1飛行隊(マーティン139WH-3/3A)	ジャワ
第2飛行隊(マーティン139WH-3/3A)	サマリンダ
第II飛行群	
第1飛行隊(マーティン139WH-2/3/3A)	シンゴサリ
第III飛行群	
第1飛行隊(マーティン139WH-3/3A)	シンガポール
第2飛行隊(マーティン139WH-2)	カリジャティ
第3飛行隊(マーティン139WH-3/3A)	シンガポール
第7飛行隊(マーティン139WH-2/3/3A)	1941年12月創設
第IV飛行群	
第1飛行隊(カーチス・ホーク75A-7)	チリリタン
第2飛行隊(カーチス・ライトCW-21B)	スラバヤ
第3飛行隊(ブルースター339D)	アンボン
第V飛行群	
第1飛行隊(ブルースター339D)	サマリンダ
第2飛行隊(ブルースター339)	シンカワン
第3飛行隊(ブルースター339D)	シンガポール
第VI飛行群	
さまざまな訓練機と輸送機	ジャワ島

1941年12月1日時点で作戦部隊に配備されていた航空機の合計機数

機　　種	機　　数
マーティン139爆撃機（全型式）	95
ブルースター・バッファロー戦闘機	63
ホーク75A-7戦闘機	16
CW-21B戦闘機	20
CW-22偵察機	34

アメリカ陸軍航空隊

　アメリカ陸軍航空隊がオランダ領東インドで戦ったことは、ほぼ忘れ去られている。アメリカ陸軍航空隊の極東航空軍の司令部がジャワ島に到着したのは1月14日であった。ジャワ島を防衛するために派遣された比較的少数の航空機は、わずかな後方支援での作戦を余儀なくされた。通信手段の不足と離隔距離の問題は、戦術レベルの指揮官が指揮系統から高度に独立して行動していたことを意味した。

　長距離の大型爆撃機であるB-17は、最初にオランダ領東インドでの作戦を行ったアメリカ軍の航空機であった。最初の作戦は、B-17DとB-17Eを装備した第19爆撃飛行群によって遂行された。1942年1月1日には、フィリピンからオーストラリアに撤退した14機のB-17のうちの10機が、作戦遂行のためにジャワ島東部のシンゴサリ飛行場に展開した。この飛行場の滑走路は長いものの舗装されておらず、レーダーあるいは対空防御が欠如していた。2番目に到着した爆撃機の部隊は第7爆撃飛行群であり、ジャワ島東部のマラン飛行場を6機のB-17と4機のLB-30（B-24の輸出型）の拠点として1月16日に作戦を開始した。これらの航空機は、予備の部品と整備員の不足に苦しめられており、機体は古くてオーバーホールが必要とされていた。2月1日には、さらに15機のB-17Eと4機のLB-30がジャワ島に到着した。ほぼ同じ頃、第7爆撃飛行群の地上要員がようやく到着し、いくつかの最も深刻な整備上の問題を解決するのに大きな役割を果たした。2月の最初の週に追加の5機のB-17Eと2機のLB-30がジャワ島に到着した。B-17とLB-30は、両機とも4発の重爆撃機であり、大型の爆弾倉と長い航続

このP-40Eはオーストラリアで撮影された機体であり、組み立てられている最中にある。ジャワ島への飛行経路は厄介であり、日本軍からの攻撃にさらされていたため、ジャワ島に到着したのは約36機のみであった。P-40Eの性能はイギリスのハリケーンよりも優れているとみられており、この作戦における連合軍の最良の戦闘機であった。この航空機が適切な戦術を用いて飛行していたならば、日本軍の零戦への対抗機になり得ただろう。　　　(Peter Ingram Collection)

距離を備えていた。

　アメリカ陸軍航空隊は、9個のP-40Eの飛行隊という大規模な戦闘機の部隊をオランダ領東インドに展開させる計画であったが、この計画が身を結ぶことは決してなかった。それは、日本軍の進撃速度が迅速であったからであり、このような大規模な戦力をアメリカ本土から移動させるのは非常に難しかったからでもあった。部隊は可能な限り速やかに船で輸送されたが、この性急さは人員と彼らの装備品等が同時に同じ場所に到着しないことを常に意味しており、一緒になったときには重要な工具や部品がなくなっていることが常態であった。

　最初にオランダ領東インドへ派遣されたP-40の部隊は、第17追撃飛行隊（臨時）であった。この部隊の飛行班は1月16日にブリスベンを出発し、1月25日にジャワ島へ到着したが、出発した17機のP-40Eのうち到着できたのは13機のみであった。2番目の部隊である第20追撃飛行隊（臨時）は、13機のP-40Eで2月4日にダーウィンを出発して12機がバリ島に到着したが、そこで日本軍の航空攻撃を受けて5機が破壊された。その数日後に第20追撃飛行隊からの増強である8機の戦闘機がジャワ島へ向かい、6機が目的地に到着した。次に第3追跡飛行隊（臨時）が続いた。最初に展開した飛行班の9機のP-40Eは、2月9日のティモール到着時に大惨事に見舞われた。目指した飛行場は悪天候のために閉鎖されていたものの、航空機にはダーウィンに引き返せるだけの燃料がなかったため、9機の全機が飛行場に強行着陸して墜落した。後続である同飛行隊の9機の戦闘機は、2月11日にジャワ島へ到着することができた。ジャワ島に到着したP-40Eは、第17追撃飛

行隊に編入された。この新しい飛行隊の戦闘機の数は定数である18機を上回っていたが、迫り来る航空攻撃への早期警戒が不足しており、通信機器が不十分であったことがスラバヤの防空能力を著しく阻害していた。

アメリカ陸軍航空隊の戦力組成

部　隊	配備された航空機
第7爆撃飛行群（重爆撃機） 第19爆撃飛行群（重爆撃機）	B-17E×39機、LB-30（B-24の輸出型）×12機、老朽化したB-17DとB-17C×少数
第91爆撃飛行隊（軽爆撃機）	A-24
第3追撃飛行隊（臨時） （第17追撃飛行隊に編入） 第17追撃飛行隊（臨時） 第20追撃飛行隊（臨時）	P-40E

　カーチスP-40は、極東で最も優秀な連合軍の戦闘機であった。ジャワ島に派遣された型式のP-40Eは、主翼に取り付けられた6丁の0.5インチ機関銃で重武装されており、いかなる日本軍の戦闘機も木端微塵にすることができた。P-40Eは、ほとんどの日本軍の戦闘機よりも高速で、防御力も大きく上回っており、相当な損害を受けてもパイロットを母機地に生還せられることができた。

　P-40は、手強い相手である零戦を含めてほとんどの日本軍の最新鋭の戦闘機と互角に渡りあうことができた。P-40Eは、特に急降下時の速度の優位性を活かし、機動性と上昇率に優れる日本軍の強みを発揮させない適切な戦術が用いられれば勝利することができた。このことは、P-40Bで中国南部やビルマから飛び立ったアメリカ合衆国義勇軍の作戦によって示されていた。しかしながら、ジャワ島に派遣された部隊は、より伝統的な戦術であるドッグファイトの訓練を受けていた。これは、より軽量で機動性に勝る日本軍の戦闘機に対して最悪の戦術であった。

　極東航空軍はA-24バンシーも運用していた。これは、有名なアメリカ海軍のSDBドーントレス急降下爆撃機の陸軍型であった。開戦時には、52機のA24バンシーがフィリピンに向かっている途上にあった。これらは迂回先のオーストラリアで組み立てられ、ジャワ島に展開していた第91爆撃

江戸のフリーランス図鑑

飯田泰子著　本体 2,300円【6月新刊】

その身ひとつで往来を仕事場として売り歩く出商人（行商人）、盛り場を盛り上げる大道芸人や新年を寿ぐ門付、疫病神を追い払う祈禱師もみんなフリーランス。たっぷり600点の図版で描く江戸人のたくましさ。

アーノルド元帥と米陸軍航空軍

源田　孝著　本体 2,700円【5月新刊】

アメリカ陸軍航空に大きな足跡を残したヘンリー・アーノルド元帥の一代記。20世紀初頭、陸軍の一部門として誕生した航空部隊が、第二次世界大戦での連合国の勝利に大きく貢献し、1947年に陸軍、海軍と同格の第三の軍種「空軍」として独立するまでの歴史を概観。

習近平の軍事戦略

「強軍の夢」は実現するか　【4月新刊】

浅野亮・土屋貴裕著　本体 2,700円

知能化戦争、グレーゾーン、ハイブリッド戦争、モザイク戦、情報化戦争、認知戦、超限戦、エコノミック・ステイトクラフトなどの新たな戦争をめぐる中国の概念を紹介し、戦争形態の変化に伴う中国の軍事戦略を詳細に分析。

芙蓉書房出版

〒113-0033
東京都文京区本郷3-3-13
http://www.fuyoshobo.co.jp
TEL. 03-3813-4466
FAX. 03-3813-4615

大江卓の研究
在野・辺境・底辺を目指した生涯

大西比呂志 著　本体 3,600円【9月新刊】

幕末の土佐に生まれ、開明的官僚、反権力志向の政治家、野心的実業家、社会運動家というさまざまな"顔"をもつ大江卓の74年の生涯を描いた評伝的研究。

満洲国の双廟
ラストエンペラー溥儀と日本

嵯峨井 建 著　本体 3,900円【8月新刊】

満洲国建国8年目の1940（昭和15）年に創建され、わずか5年で満洲国崩壊とともに廃絶となった2つの宗教施設「建国神廟」「建国忠霊廟」が果たした役割とは……。満洲国皇帝溥儀と関東軍が深く関与した双廟の興亡から読み解く"もうひとつの満洲史"

外務省は「伏魔殿」か
反骨の外交官人生と憂国覚書

飯村 豊著　本体 2,300円【7月新刊】

2001年、国会で田中眞紀子外相に「伏魔殿」と名指しされ大臣官房長を更迭された著者が、ポピュリズムの嵐に巻き込まれたこの「騒動」の真相を明らかにする。また、駐フランス大使、駐インドネシア大使を務めた40年間の外交官生活を振り返り、日本の現状と「外交のあるべき姿」を熱く語る！

第91爆撃飛行隊の少数のA-24バンシー
が2月にジャワ島へ到着し、2月19日にバ
リ島沖の日本軍の進攻部隊に対して投入
された。この飛行隊は十分な後方支援を
得られず、3月に撤退した。
（Peter Ingram Collection）

飛行隊（軽爆撃機）に1942年2月9日から配備され始めた。2月19日には、7
機のA-24がマランの西に新設されたモジョケルトの飛行場で運用される
ようになった。この航空機の整備性は、部品の欠落や予備の部品の不足に
よって阻害されていた。この飛行隊は、ジャワ島で短期間の活動をしたの
ち、3月上旬にオーストラリアへの移動を命じられた。

✳ 作戦の目的
日本軍の攻撃計画

CAMPAIGN OBJECTIVES

この作戦で最も機数が多かった日本陸軍航空隊の戦闘機は、九七式戦闘機であった。この写真の1939年に第64飛行戦隊に配備された九七式戦闘機からみてとれるように、この航空機は小型で機敏であった。この航空機の航続距離が限定的であったことが、この作戦における日本軍の難題として明らかになった。それでもなお九七式戦闘機は、作戦への投入を可能とする基地を確保できたときには依然として重要な役割を果たした。

(Andrew Thomas Collection)

マレー進攻作戦

　日本軍は、1941年の全般を通じて西欧列強との緊張が高まった際には、まだマレーへの進攻計画を有してはおらず、具体的な計画立案が開始されたのは1941年7月になってからであった。この計画は3段階で構成されており、その全体像は陸軍参謀本部によって起草された。計画の案が完成すると、海軍との協議が開始された。海軍も自分の計画と陸軍の計画とを同調させなければならなかった。これらの協議は9月と10月に行われて基本合意に達し、11月10日に両軍はマレー進攻作戦に正式に合意した。

　進攻を任務付与された日本陸軍の第25軍は、これらと並行して作戦計画の素案の確定を進め、11月3日に計画を完成させた。この重要な役割を担う第25軍の司令官に山下奉文中将が新しく任命されたのは11月6日であった。彼は優秀な作戦指揮官として評判であり、この任務に最適とされた。もう1つの理由は、おそらく陸軍航空隊やライバルである日本海軍と協同する能力と意欲にあった。新たな職務を得ると山下は、東京で6日間を過ごして参謀本部と計画を練り上げ、その後にサイゴンへと飛んだ。これは、第25軍の参謀、第3飛行集団の将校、そして海軍の南遣艦隊を指揮する小沢治三郎中将と計画を見直すためであった。

　第25軍の計画は、10月下旬に得た情報を受けて修正された。10月20日に第25軍の作戦主任参謀の辻政信大佐^(ママ)（訳者注：当時の階級は中佐であり、大佐への昇任は1943年8月）は、タイの南部とマレーの北部を秘密裏に偵察飛行させた。この偵察飛行は、迎撃を免れることができる一〇〇式司令部偵察機で実施された。最初の飛行は、厚い雲がコタバルを覆っており、残燃料の観点から任務が打ち切られて失敗に終わった。次の偵察飛行は2日後に行われ、日本軍に豊富な情報をもたらした。一〇〇式司令部偵察機は、タイ南部のシンゴラとパタニの上陸予定地域を経て、コタバル、アロルスター、スンゲイパタニ、そしてタイピンのイギリス空軍の飛行場の上空を飛行した。辻は、予想以上に整備されている飛行場を発見して驚き、第3飛行集団が作戦を行えるようにするため、可能な限り速やかにコタバルとアロルスターを占領する必要があると判断した。彼は作戦計画を修正して第5師団をシンゴラとパタニに同時上陸させ、アロルスターの飛行場を占領するため迅速にペラ川にかかる橋を奪取し、これと同時並行して第18師

団の部隊をコタバルに上陸させて飛行場を占領することを提案した。辻は、もしもイギリス軍の航空戦力がコタバルから運用されれば、タイ南部への上陸は不可能になると確信していた。コタバルを占領した部隊は、東海岸を南進してクアンタンの飛行場を占領する計画であった。11月23日に発出された最終的な進攻作戦の命令には、辻の提案が反映されていた。

予想されていたとおり、陸軍と海軍の見解が異なっていたために計画の立案は難航した。両軍の間の永続的な対抗意識も作用したが、より大きな影響を及ぼしたのは、進攻部隊を安全に送り届けて戦力の増強や補給のための作戦を成功裏に行える状況を作為するという日本海軍の目的と、じ後の作戦を円滑に進めるために最大限の規模の部隊を可能な限り速やかに輸送したいという日本陸軍の要望とによって生じた摩擦であった。

最も差し迫った計画上の懸案事項の1つは、輸送船舶の不足であった。利用できる船舶は、第25軍を上陸させ、その後にシンガポールへと半島を南下する作戦を支援するのに何とか足りる状態であった。日本陸軍は、主力部隊のタイ南部への上陸と同時にコタバルにも上陸することを望んでいた。辻が指摘したように、上陸部隊を航空攻撃から防護するとともに可能な限り速やかに第3飛行集団の部隊を飛行場に進出させるためには、コタバルを占領する必要があった。両方の地点に同時に上陸することは、海軍と航空隊の援護が分断されてしまうために危険であったが、11月18日に山下と小沢はコタバルを早期に占領するメリットの方がリスクを上回るということで合意した。日本海軍は、より多くの上空援護を提供し、コタバルへの上陸作戦を2夜に拡張して昼間は輸送船を洋上に退避させることで同意した。山下は、輸送船の不足を受けて第25軍の1個師団を別の場所での任務に振り向けた（最終的にはビルマ）。これは、作戦全体を2個師団の全部と1個師団の大部分のみで行うという非常に冒険的な動きであり、防御側が攻撃側を数的に凌駕することを意味した。しかしながら、この決断で山下は自分の思い通りに作戦を実行できるようになった。最初の計画の草案は非常に保守的であったため、山下により却下された。この案は、シンガポールへの攻撃を5週間遅らせ、タイ南部とマレー北部の橋頭堡を固め、追加の物資を投入し、第3飛行集団を前方展開させてからシンガポールへの進撃を開始するというものであった。このような段階的な方法は山下の指揮の仕方に合っておらず、最終的な計画には彼が好んで用いた「一挙突

進」が反映された。これは、主導権を獲得して防御側に決して息をつかせないというものであり、イギリス軍の堅固な防御陣地の構築を妨げるとともに戦力増強のための時間も与えないというものであった。

　山下の「一挙突進」は第25軍の強みを強調し、増強を必要としているイギリス軍の致命的な弱点を攻撃するという見事な選択であったが、比較的小規模な戦力で後方支援が乏しい大規模な戦力を攻撃するという特徴には依然としてリスクもあった。それでもこの作戦が検討された主要な理由の1つは、日本軍が迅速に制空権を獲得できると想定したからであった。作戦の初期にインドシナ南部の飛行場から出撃した日本陸軍航空隊は、マレー北部のイギリス軍の航空戦力を無力化して制空権を獲得するように命じられた。日本陸軍航空隊の部隊は、イギリス空軍への圧力を強化するため、タイ南部とコタバルへの上陸に引き続き新たに占領した飛行場へ迅速に展開することになっていた。航空優勢を獲得した時点で、日本陸軍航空隊は南下する第25軍を直接支援できるようになるとみられた。前線の飛行場を占領することが非常に重視されたもう1つの理由は、依然として日本陸軍航空隊の戦闘機の大多数を占めていた九七式戦闘機の作戦行動半径が短かったことであった。このことは非常に重要であったため、シンゴラとコタ

水上機母艦の千歳と瑞穂は第11航空戦隊に配属され、この作戦で重要な役割を果たした。これは戦前に撮影された千歳の写真である。千歳は大型かつ高速で武装も充実した艦艇で、艦隊や進攻作戦を直接支援する水上機を運用するために建造された。その重要性は、マレー進攻の間に参加した作戦の多さに現れている。これらにはバンカローズ、ケマ、マナド、ケンダリ、そしてアンボンの占領が含まれている。千歳はまた、最終的なジャワ島への進攻作戦にも参加した。千歳の零式観測機はオランダ軍の飛行艇1機を撃墜し、アメリカ海軍の駆逐艦ポープに損傷を与えて沈没させた。その後に千歳は航空機母艦に改装され、1944年のレイテ沖海戦で沈没した。　　　　　（Naval History and Heritage Command）

バルへ進攻する第1派には第3飛行集団の地上要員が含まれていた。第3飛行集団は、タイとマレーで態勢を確立するや否や、第25軍の急速な進軍を援護するために航空機を南方へ前進させ続けねばならなかった。

　日本海軍航空隊の主任務は第25軍の直接支援ではなかったが、それでも果たすべき重要な役割を担っていた。海軍の飛行部隊は、空から攻撃してくるイギリス空軍と海から攻撃してくるイギリス海軍から進攻船団を防護することになっていた。日本海軍は、太平洋戦争の初期における戦力配置に関する激しい内部での議論を終えたばかりであった。日本海軍の2つの主要な作戦は、戦争の継続に必要な資源を確保するために極めて重要であるマレーとオランダ領東インドに対する攻撃と、真珠湾にいるアメリカ海軍の太平洋艦隊への奇襲攻撃を実行することであった。論点となったのは、日本海軍の6隻の空母の配分であった。連合艦隊司令長官の山本大将は、真珠湾を痛撃するために6隻の空母の全てを投入することを望んだが、海軍の軍令部はマレーとオランダ領東インドに対する南方作戦のために数隻を残したかった。最終的には、真珠湾の作戦に6隻の空母の全てを参加させなければ辞任するとして山本が軍令部を脅し、軍令部は行動半径の長い陸上発進の航空機で攻勢作戦を適切に支援できるということを理由の1つとして山本の意見に従った。

　3個の日本海軍の航空戦隊が南方作戦の支援に割り当てられた。そのうちの2個は、まずフィリピンへの進攻を支援してからオランダ領東インドの占領に充当され、もう1個がマレーでの作戦を支援するために配分された。これらの航空戦隊は、進攻船団を航空攻撃から防護する責任を負っていただけでなく、制海権を獲得するための日本海軍の作戦を補強することが最も重要な任務とされていた。この任務は、イギリス海軍が11月にこの地域へ2隻の主力艦を含むZ艦隊を展開させたことで最優先されるようになった。日本海軍の基地航空隊も、シンガポールの飛行場や海軍基地を攻撃して圧力をかけて日本陸軍航空隊を助力する責任を負っていた。

オランダ領東インドでの作戦

　マレーでの作戦が主として日本陸軍により行われた一方で、オランダ領東インドの占領で主な役割を担ったのは日本海軍であった。オランダ領東

オランダ領東インド海軍航空隊

部　隊	航空機	機数	配　置
第1飛行小隊	Do 24K	3	ポンチャナック
第2飛行小隊	Do 24K	3	ソラン
第2飛行小隊(1月19日に新編)	カタリナ	3	エマーヘブン
第3飛行小隊	Do 24K	3	スラバヤ
第3飛行小隊(1月19日に新編)	カタリナ	3	モロクレムバンガン
第4飛行小隊	Do 24K	3	サンバ
第5飛行小隊	Do 24K	3	テルナテ
第5飛行小隊(1月12日に新編)	カタリナ	3	モロクレムバンガン
第6飛行小隊	Do 24K	3	モロクレムバンガン
第7飛行小隊	Do 24K	3	タラカン
第7飛行小隊	Do 24K	4	モロクレムバンガン
(解散した飛行隊の航空機で2月に新編)			
第8飛行小隊	Do 24K	3	プルサンブ
第11飛行小隊	フォッカーT.IV	3	モロクレムバンガン
第12飛行小隊	フォッカーT.IV	3	モロクレムバンガン
第16飛行小隊	カタリナ	3	タンジュンプリオク
第17飛行小隊	カタリナ	3	アンボン
第18飛行小隊	カタリナ	3	タンジュンプリオク

　　　(訳者注:原文の「GVT(Groep Vliegtuigen)」は「飛行群」にあたるが、
　　　3機程度の規模であることから「飛行小隊」とした。)

インドには大規模な地上部隊が投入され、特にジャワ島への最終的な攻撃では顕著であったが、この作戦が進む捗度と最終的な日本軍の成功は占領部隊を艦船で地域の至る所に移動させる能力と、これらを航空戦力と海上戦力で援護する能力によって決定された。最優先事項は、可能な限り速やかに作戦を遂行することであった。これは、オランダ軍に地域の重要な経済施設を破壊できる十分な時間を与えず、アメリカ軍とイギリス軍にオランダ領東インドへ増援する時間を許さないことで、作戦を長引かせないということであった。

　ジャワ島の占領は、オランダ領東インド作戦の最終的な目的であった。しかしながら、いくつかの前提条件を攻撃の前に満たさねばならなかった。まずは、日本軍の側面と背後が防護されねばならなかった。この条件はマレーの西部において満たされた。日本軍の急進撃によりイギリス軍はマレー北部ですぐに壊滅し、航空優勢はイギリス空軍から奪取された。東部の

アメリカ軍の航空戦力は、フィリピンで速やかに排除された。

　ジャワ島への最終的な攻撃では、島の両端への上陸による二重包囲が計画された。これら2つの突進は相互に同調して行われ、両方とも日本陸軍がマレーで進撃した時と同じ原則を用いていた。それは、敵に一定の圧力をかけ続け、二重に突進する戦略でバランスを崩してから、究極の目的を最終的に獲得するために戦力を集中することであった。

　日本軍の進撃速度は容赦がなかった上に、各段階はそれぞれの目標に向かって圧倒的な戦力を投入できるように計算されていた。オランダ領東インドでの攻勢作戦の全体は、進撃を援護する日本海軍の2つの航空戦隊の能力の上に成り立っていた。この2つの航空戦隊である第23航空戦隊（当初はミンダナオ島とボルネオ島の間にあるホロに展開）と第21航空戦隊（当初はミンダナオ島のダバオから飛行）が作戦全体の要であった。日本軍は連合軍の重要な海軍と空軍の基地を圏内に収める航空優勢を獲得し、その後に水陸両用部隊でこれらを占領することを計画しており、この占領した飛行場に航空戦隊が展開するというプロセスが繰り返された。日本軍は、友軍による上空援護の範囲外にある目標には決して前進しなかった。この方法にはリスクもあった。これには高いレベルの調整が必要であり、そして比較的小規模な戦力でオランダ領東インドの広大な空を継続的に勢力下に置けることを前提としていたからである。日本軍と対峙している連合軍が、より望ましい指揮統制系統と好機を活かせる海軍力と空軍力を持っていたならば、日本軍の進撃は阻止されたかもしれず、あるいは少なくとも遅滞させることはできたであろう。しかしながら、日本軍は連合軍が一時的な日本軍の弱点をも突くことはできないと正確に見積もっていた。

オランダ軍の対空火器

　合計で4門の105ミリ砲と28門の80ミリ砲を、40門の40ミリ移動式ボフォース砲で増強された固定式砲台で運用することができた。少数のラインメタル20ミリ機関砲が1940年5月以前にオランダ領東インドに到着しており、これらの対空火器の全てがジャワ島の港やその他の重要な目標の周辺に配置されていた。

　イギリス軍は、2月の最初の週に9門の40ミリ砲と9門の3.7インチ砲でジャワ島の対空防御を補強した。

オランダ領東インドの中央部の攻勢は、ホロとダバオからの航空機による援護のもと、ボルネオ島の東側にあるタラカンへの進撃で開始された。その後、この攻勢は計画されていたバリクパパンへの上陸と併せてマカッサル海峡へと至り、最終的にボルネオ島の南部のバンジェルマシンまで続けられた。東側での攻勢もダバオから実施されたが、その目標はセレベス島にある非常に重要な海軍と空軍の基地であった。最初の上陸が計画されていたのはセレベス島の北西部にあるメナドであり、これに続いてケンダリとマカッサルへ上陸することになっていた。ケンダリの占領は特に重要であった。ケンダリの近傍には大きな停泊地だけでなく大規模な飛行場があり、オーストラリアからの攻撃に対して側面を防御できるようになるからであった。そして、最も重要であったのは、ジャワ島の東部のスラバヤにある連合軍の中心的な海軍基地を陸上発進の爆撃機と戦闘機の行動範囲内に置けたことであった。日本軍は、セレベス島の南部を占領することでオーストラリアの増援からオランダ領東インドを切り離し、そして、連合軍の爆撃機の基地があるアンボン島を攻撃できるようになった。ティモール島のクーパンとバリ島のデンパサールの占領は、オーストラリアからの空路による増援の直行経路を遮断することになった。この作戦を援護してきた中央部と東部の航空戦力と海上戦力は、基本的に同じ部隊が交代で投入されており、その後の最終段階においてジャワ島の東部への上陸を計画している進攻部隊を護衛するために合流することになっていた。

　もう一方のジャワ島へ進出する日本軍の航空部隊は、マレーへの進撃を援護する海軍の部隊であった。これらの部隊は、マレー進攻部隊を援護するだけでなく、ボルネオ島の西部にある要所の占領に投入することも計画されていた。マレーへの進攻を支援した後、これらの部隊はスマトラ島の南部に対する作戦も実施することになっており、最終的な任務はジャワ島に対する挟撃の西側部分を形成することであった。

　日本海軍航空隊の基地航空部隊の航空戦隊に加えて、1隻の軽空母、数隻の水上機母艦と特設水上機母艦が日本軍の進撃を支援した。これらの艦艇は、オランダ軍による散発的な空からの抵抗に対して重要な役割を果たした。このレベルの支援は飛行場を拠点とした航空戦隊によって支えられており、多くの水陸両用作戦を援護するのに十分であると判断された。

イギリス軍の防衛計画

　イギリス軍の極東の防衛計画は、イギリスの国益を守り、そして必要であれば日本軍の攻撃を撃退するために、強力なイギリス海軍のプレゼンスを必要とすることが基礎となっていた。第一次世界大戦後のイギリス海軍は極東地域に大艦隊を常駐させられるほどの規模ではなかったため、計画では危機に際してヨーロッパの海域から艦隊を派遣することが前提とされた。全体像としては、艦隊を派遣する必要があるとロンドンが決定してから70日以内にシンガポールの海軍基地へ艦隊が展開することになっていた。この楽観的な見通しは、ドイツの台頭と地中海におけるイタリアとの緊張の高まりといったヨーロッパでの事案により損なわれ、艦隊を迅速にシンガポールへ派遣するという前提は見直さざるを得なくなった。イギリスは、このような艦隊がいつ派遣されるのか、あるいはどの程度の戦力になるのかについて、もはや確信が持てないということを、1939年5月にはオーストラリアに対して認めていた。1939年7月には、艦隊が現地に到着するまでの想定期間が70日から90日に延長された。9月にヨーロッパで戦争が始まると、ロンドンの参謀本部はマレー当局に対して艦隊の到着までには最長で6ヶ月を要するだろうと通知した。現実的には、1940年6月のフランスの陥落とイタリアの参戦により、それさえも不可能となった。

　もはやイギリス海軍が極東のイギリス領を救済しに来ることができなくなったことに伴い、マレー防衛の主たる責任はイギリス陸軍とイギリス空軍へと移管された。この両者は、防衛の重責を担わねばならなかっただけでなく、長期間にわたり防衛し続けねばならず、シンガポールの海軍基地を保持することが絶対的に不可欠であるという認識で一致していた。すべての軍種は、シンガポールの防衛はマレーの防衛を意味しており、海軍基地を敵の航空攻撃と砲撃の範囲内に入れないようにすることで合意していたが、このような直感的な理解に至った後でさえ、イギリス陸軍とイギリス空軍はそれぞれの戦略を調整できなかった。イギリス空軍はマレーでの基地建設を継続し、そのいくつかはタイとの国境に近いマレー北部にあった。このことは、作戦用の十分な数の航空機が配備されていないイギリス空軍の飛行場を守るためイギリス陸軍に戦力の分散を強いることになった。

　イギリス海軍が大規模な艦隊を地域に派遣できないことが明らかになる

と、イギリス空軍は自分達を極東で最上位にある軍種とみなした。イギリス空軍は、進攻部隊への対処に際しては航空機が最良の選択肢になると強く主張した。これを実現するため、イギリス空軍はマレーから可能な限り遠方で数日間にわたり攻撃力を発揮しつつ航空優勢を維持し続けねばならなかった。これは、飛行隊を可能な限り前方に配置するという決定へとつながった。イギリス空軍は、進攻部隊が沿岸に到達する前に40%の損耗を与えるとイギリス陸軍に約束した。

　イギリスの防衛計画において、マレーを防衛するために必要とされる航空機の数は増え続けた。1940年の時点でのマレーに所在するイギリス空軍の部隊は、お粗末な88機が合計で8個の飛行隊に配備されている状態であった。ロンドンの参謀本部による最初の見積もりでは336機が必要とされていたが、当時の分析で日本軍は約700機をマレーに投入できるとみられていたことからすると、この見積もりには最初から疑念の余地があった。マレーのイギリス空軍は556機が必要と考えていたが、これらの計画にもかかわらず開戦時に運用可能であったのは188機のみであった。これよりも更に問題となっていたのは、この地域に新しい航空機を送り込み続けるための信頼できる増援経路が欠落していたことであった。

　1941年にイギリス空軍の極東司令部の規模は2倍になったが、依然として非常に大きな欠陥があった。司令部が効果的に機能するには幕僚の人数が少なすぎ、そして未熟すぎた。作戦に投入できる航空機の数は不十分で、予備機は少なすぎた。防空指揮所は十分に機能しておらず、戦闘機や対空砲の数も不足していた。運用できる戦闘機は時代遅れであった。ほんのわずかな数の偵察機が運用できる状態だった。洋上攻撃は非常に重要な任務とみられていた一方で、戦闘が始まったときには、わずかに約30機の時代遅れの雷撃機がいるのみであった。ブルック＝ポパムは、これから起こり得る作戦でイギリス空軍が日本軍の進攻を阻止できず、そして長期戦に耐えられないということが次々と明らかになることを予見していた。

　戦前におけるイギリス軍のマレー防衛計画には一貫性がなかった。とりわけ、ロンドンとシンガポールにいたイギリス軍の計画立案者は、この作戦で日本軍が如何なる戦い方をしようとしているのかを理解できていなかった。山下の「一挙突進」は、わずかな後方支援で大規模な攻勢をかけるリスクを許容しており、この日本軍の行動をイギリス軍は予測できなかっ

た。イギリス軍は、たとえ日本軍が攻撃を敢行して大規模な戦力をマレーの沿岸に上陸させたとしても、自軍の大規模な来援部隊が到着するよりも前にシンガポールを脅かすほど早く前進することはできないと見積もっていた。制空権と制海権を持っている敵からシンガポールを守り続けられるだろうとしたイギリス軍の考えは、全くの幻想であった。イギリス軍にとり最大の軍事的な大惨事の舞台は整えられた。

オランダ軍の防衛計画

　オランダ領東インドのオランダ軍当局は、起こりえる日本軍の進攻に対する計画を立案しようとしたとき、ほとんど選択肢がなかった。オランダ領東インド一帯を防衛するにあたり、現地のオランダ軍の戦力は全く不十分であり、オランダの海軍力は脆弱であった。また、本国がドイツの占領下にあったことに伴い、オランダ軍は辛うじて現有の戦力を維持できている状態であり、ましてや海軍力を強化することはできなかった。同じことがオランダ領東インドのオランダ軍の航空戦力にも当てはまった。オランダ軍は、どこか調達できるところから航空機を入手せざるをえず、これは通常において二線級のアメリカ軍の航空機になることを意味していた。オランダ軍の地上部隊の規模がオランダ領東インド全体を守れるほどでないことは明らかであり、その部隊のほとんどは戦意が不明な現地人で構成されていた。オランダ軍にとっての唯一の希望は、イギリス軍あるいはアメリカ軍が彼らを守るために援助するという約束であった。イギリス軍との軍事交渉は1940年11月に、アメリカ軍とは1941年4月に開始されたが、オランダ軍は何も確約を得ることはできなかった。イギリス軍は極東にある自国の領域を防衛できそうになく、中立的立場のアメリカ軍がオランダを助けに来ると約束することはできなかった。1941年の後半にオランダは政治的にイギリスに完全に依存するようになっており、これは軍事的な依存にも置き換えられた。イギリス軍はオランダ軍にシンガポールの防衛を支援すると約束するように圧力をかけ、これを何事があろうとも絶対的な優先事項とすることにオランダは同意した。

　オランダ領東インドに所在するオランダ軍の地上軍の弱さからすると、防衛に成功するための鍵は、進攻してくる日本軍に対して航空戦力と海上

戦力を投入することであった。もしも連合軍の海上戦力と航空戦力が日本軍の海上進攻部隊に大きな損耗を負わせることができず、日本の上陸部隊が沿岸に達したならば、オランダ領東インドの陸軍が防衛に成功する見込みは低かった。これは、オランダ領東インドでの作戦全体を通じたパターンになった。ひとたび日本軍が目標地点を占領すると、そこは日本軍が次の段階の作戦を行うための拠点となった。

日本軍の戦力組成（1941年12月8日）

日本海軍航空隊			
第21航空戦隊 （台湾）	鹿屋航空隊 第1航空隊 東港航空隊（分遣）	一式陸上攻撃機 九六式陸上攻撃機 九七式飛行艇	27 36 24
第22航空戦隊 （インドシナのサイゴ ン近郊）	元山航空隊 美幌航空隊 鹿屋航空隊（分遣）	九六式陸上攻撃機 九六式陸上攻撃機 一式陸上攻撃機	36 36 27
山田隊		零式艦上戦闘機 九五式艦上戦闘機 九八式陸上偵察機	25 12 6
第23航空戦隊 （台湾）	高雄航空隊	一式陸上攻撃機	54
	台南航空隊	零式艦上戦闘機 九六式艦上戦闘機 九八式陸上偵察機	45 12 6
	第3航空隊	零式艦上戦闘機 九六式四号艦戦 九八式陸上偵察機	45 12 6
空　　母	龍驤（飛行隊:九六式四号12（+予備4）、九七式艦上攻撃機14（+予備4）（一一型12、一二型2））		
水上機母艦	千歳（飛行隊:零式観測機及び零式水上偵察機最大24）		
	瑞穂（飛行隊:零式観測機及び零式水上偵察機最大24）		
特設水上機母艦	神川丸（飛行隊:零式観測機及び零式水上偵察機14） 相良丸（飛行隊:零式観測機6、九五式二号水上偵察機2） 讃岐丸（飛行隊:九五式二号水上偵察機6（予備2以上）） 山陽丸（飛行隊:零式観測機6、零式水上偵察機2、予備に 　九五式二号水上偵察機2）		

日本陸軍航空隊			
◎第3飛行集団			
第3飛行団	飛行第59戦隊 飛行第27戦隊 飛行第75戦隊 飛行第90戦隊	一式戦闘機 九九式襲撃機 九九式双発軽爆撃機 九九式双発軽爆撃機/ 九七式軽爆撃機	24 23 25 30
第7飛行団	飛行第64戦隊 飛行第12戦隊 飛行第60戦隊 飛行第98戦隊	一式戦闘機/九七式戦闘機 九七式重爆撃機 九七式重爆撃機 九七式重爆撃機	35/6 21 39 42
第10飛行団	飛行第77戦隊 飛行第31戦隊 飛行第62戦隊 第70独立中隊	九七式戦闘機 九七式軽爆撃機 九七式重爆撃機 九七式司令部偵察機	27 24 22 8
第12飛行団	飛行第1戦隊 飛行第11戦隊 飛行第81戦隊	九七式戦闘機 九七式戦闘機 九七式司令部偵察機/ 一〇〇式司令部偵察機	42 39 9/7
第15独立飛行隊	第50独立中隊 第51独立中隊	九七式司令部偵察機/ 一〇〇式司令部偵察機 九七式司令部偵察機/ 一〇〇式司令部偵察機	 5 6
第83独立飛行隊 (すべて移動中)	第71独立中隊 第73独立中隊 第89独立中隊	九九式襲撃機 九九式襲撃機 九八式直接協同偵察機	10 9 12
◎南方軍直属部隊			
第21独立飛行隊	第84独立中隊 第82独立中隊	九七式戦闘機 九九式双発軽爆撃機	9 12
その他	第47独立中隊	二式単座戦闘機	9
	第1輸送飛行隊 第2輸送飛行隊 第13輸送飛行隊 ※ 第15輸送飛行隊 ※		

※訳者注:特設第13輸送飛行隊、特設第15輸送飛行隊

✦ 戦　役
日本軍の南方への進攻

THE CAMPAIGN

ハドソン爆撃機は、旅客機であるロッキード14スーパー・エレク
トラを改装した派生型であった。この写真はイギリス空軍の第1
飛行隊に所属するハドソンⅠであり、開戦時にはコタバルに配備
されていた。これらは、開戦から1時間のうちに沖合にいた日本
軍進攻部隊の3つの輸送船団への連続攻撃を行った。ハドソンは
最高速度が遅く、機首部に固定された2丁の機関銃と機体背部の
砲塔に2丁の機関銃を備えた軽武装の平凡な軽爆撃機であった。
良好な点として、この大きさの機体としては高い機動性を有して
いた。　　　　　　　　　　　　　（Andrew　Thomas　Collection）

マレー北部をめぐる戦い

　日本軍は、わずか2日でマレー北部の航空優勢を獲得した。イギリス空軍は、タイの南部とマレー北部への日本軍の進攻を撃退するために全力を挙げたものの、完全な失敗に終わることとなった。

　空での戦いにおいて最初の戦死者が出たのは、飛行第1戦隊の九七式戦闘機が日本の進攻部隊の位置を特定されないように東シナ海の上空でイギリス空軍のカタリナ飛行艇を攻撃した12月7日であり、正式な戦争開始の前であった。カタリナの全搭乗員である8名が失われた。その日の午後、イギリス空軍の3機のハドソンが接近してくる日本軍の輸送船団の位置を特定し、進攻が差し迫っているという警報がイギリス軍に発せられた。

　12月8日に戦争が開始された時、コタバルは最も激しく奮闘した。日本軍の3つの輸送船団で運ばれていた第56連隊や日本陸軍航空隊の地上要員等の約5,600名は、02:00に上陸を開始した。直ちに攻撃を加えるために7機のハドソンがコタバルから緊急発進し、別の3機と合流して連続攻撃を行い3つの輸送船団の全てに損害を与え、対空砲火により2機が撃墜された。次に7機のヴィルデビーストが雷撃を敢行したが、魚雷を投下できたのは4機のみであり、どの魚雷も命中しなかった。1機のヴィルデビーストが帰投時に胴体着陸して損傷し、修理不能となった。ほとんどの日本軍の進攻部隊は輸送船団が撤収せざるを得なくなるまでに上陸を果たし、インド軍との激しい戦闘を経て飛行場を占領した。

　タイ南部のシンゴラとパタニでは、04:00に日本軍が上陸し、タイ軍からの一時的な攻撃を受けた。シンゴラ飛行場は日本軍に占領され、最初に飛行第1戦隊、飛行第11戦隊、そして飛行第77戦隊の九七式戦闘機が展開を開始した。日本陸軍の第5師団は満足のいく状態で上陸を果たし、マレー北部への進撃を開始した。

　イギリス空軍は、12月8日の昼間帯に日本軍の進攻艦隊に対して最大戦力を投入する計画であり、クアンタンの第8飛行隊（オーストラリア空軍）と第60飛行隊、スンゲイパタニの第27飛行隊、アロルスターの第62飛行隊、そしてテンガの第34飛行隊に対して直ちに攻撃せよとの命令を発した。第100飛行隊はクアンタンに展開して別命を待つよう指示された。イギリス空軍が進攻艦隊に対する攻撃計画を実行していた時、日本陸軍航空隊はマ

ブレニムⅣはブレニムの改良型で、少し
だけ速度が増しており、防御用装甲板と5
丁の機関銃が装備されていた。作戦投入
に際しての爆弾の搭載量は、依然として
1,000ポンド以下に制限されていた。作戦
が開始された時、ブレニムⅣは第34飛行
隊のほか2つの増強飛行隊に配備されて
いた。この写真は、1942年の初期におけ
る第211飛行隊のブレニムⅣである。
(Andrew Thomas Collection)

レー北部のイギリス空軍の飛行場に対する対航空作戦を開始していた。

　日本軍の船団に対するイギリス軍の攻撃は濃霧により妨げられたため、コタバルの沖合に攻撃が集中した一方で、その北部にいたシンゴラ沖の主力進攻部隊には、ほとんど手出しされないままであった。第8飛行隊（オーストラリア空軍）の12機のブレニムが06:30にクアンタンから出撃し、コタバルの沖合で淡路山丸を発見して数回の攻撃を加えた。これらの爆撃機は、帰投時に1機がコタバルに胴体着陸し、もう1機がセレターに胴体着陸した。次に現れたイギリス空軍の航空機は、第60飛行隊の8機のブレニムⅠであり、これらも不運な淡路山丸を攻撃した。淡路山丸は重ねて損害を受け、その後に沈没した。第22航空戦隊の零戦は輸送船を守ろうとしたが、そのうちの1機がハドソンに撃墜された。2機のブレニムが対空砲火により失われ、残りの6機のうち3機が大きな損傷を負いながらクアンタンに帰投した。

　第34飛行隊の9機のブレニムⅣは、コタバル沖で攻撃すべき船を発見できなかったため、目標を変更して上陸地点の沿岸部と上陸用舟艇を攻撃した。このうちの1機を防空していた日本軍の戦闘機が撃墜したとあるが、実際にはマチャンで墜落していた。残りのブレニムⅣは、日本陸軍の攻撃を受けている最中のバターワースへ帰投するよう命じられ、さらに2機が着陸時に失われた。その日の後半には、コタバルの南部へ上陸しているとの報告に基づき4機のハドソンと3機のヴィルデビーストが攻撃に差し向けられたが、この報告は誤報であったため、攻撃はコタバル沖の日本軍の荷船に対して行われることになった。

マレーでの初日 −1941年12月8日

EVENTS

1. 0208–0600 hours: Hudsons in two groups from 1 RAAF Squadron depart Kota Bharu. One Hudson is shot down by antiaircraft fire. The undamaged Hudsons fly a second strike. Another Hudson is shot down by antiaircraft fire and at least five more are damaged. All three Japanese transports are heavily damaged. *Awagisan Maru* later sinks and the other two withdraw north.

2. After 0400 hours: Ki-27s from three *sentai* arrive at Singora Airfield.

3. 0415 hours: 17 G3Ms from the Mihoro Air Group attack Singapore. They encounter only ineffective antiaircraft fire. Three Blenheims at Tengah Airfield are damaged.

4. Approximately 0600 hours: 36 Squadron is ordered to attack the retreating Japanese off Kota Bharu. Only four aircraft drop their torpedoes through heavy rain and antiaircraft fire, but all miss. One Vildebeest crashes on landing and is written off.

5. 0630 hours: Two Buffalos from 243 Squadron strafe barges off Kota Bharu; one is damaged by ground fire.

6. 0630 hours: 12 Hudsons from 8 RAAF Squadron and eight Blenheim IVs of 60 Squadron depart Kuantan. Arriving off Kota Bharu, they attack the burning *Awagisan Maru* and various small craft. One Hudson crash-lands at Kota Bharu and another damaged Hudson recovers at Seletar. Three of the six returning to Kuantan are damaged by antiaircraft fire. One Hudson claims a Zero. The Blenheims also repeat the attack on the burning transport except for one which attacks targets to the north. Two Blenheims are lost to antiaircraft fire.

7. 0645 hours: Eight Blenheims from 27 Squadron take off from Sungei Patani to strike Japanese shipping but are forced back by bad weather.

8. 0700 hours: at least five Ki-21s from the 98th Sentai bomb Sungei Patani. The alert Buffalos launch in the middle of the attack and then suffer gun failure so no Japanese aircraft are damaged. One Blenheim and two Buffalos are destroyed; two Blenheims and five Buffalos are damaged by bombs. The main runway is knocked out of action.

9. 0700: Nine Ki-21s bomb Machang. One Buffalo delivers an ineffective attack. Ki-48s also bomb the airfield.

10. Approximately 0730 hours: Nine 34 Squadron Blenheims from Tengah attack small craft off Kota Bharu and troops ashore. Ki-43s from the 64th Sentai claim one Blenheim which actually crash-lands on Machang.

11. 0900 hours: Ki-27s and Ki-43s begin strafing Kota Bharu in relays. One photo-reconnaissance Beaufort is destroyed. Other fighters and light bombers attack Machang and Gong Kedah throughout the day.

12. 0900 hours: 11 Blenheim IVs from 62 Squadron take off from Alor Star. Finding no targets off Kota Bharu, they head north to Patani and bomb through clouds. Two F1Ms from *Sagara Maru* conduct an unsuccessful interception.

13. Approximately 0900 hours: The remaining 34 Squadron Blenheims arrive at Butterworth Airfield in the middle of a raid by 59th Sentai Ki-43s. One Ki-43 is shot down by return fire and one Blenheim is forced to crash-land.

14. 1045 hours: 27 Ki-21s from the 12th Sentai hit Sungei Patani and inflict heavy damage. The airfield is ordered to be abandoned later in the day.

15. Approximately 1045 hours: Butterworth Airfield is strafed by 1st Chutai, 64th Sentai. Four 34 Squadron Blenheims are damaged.

16. Approximately 1100 hours: 27 60th Sentai Ki-21s hit Alor Star. Four Blenheims of the just-returned 62 Squadron are destroyed and five damaged.

17. Approximately 1200 hours: Two RAAF 21 Squadron Buffalos conduct a reconnaissance of Singora. They are intercepted by Ki-27s of the 11th Sentai, but both aircraft return.

18. Approximately 1200 hours: Four Hudsons and three Vildebeests depart Kota Bharu to attack shipping reported off the coast. The report is false, so the aircraft end up strafing ground targets.

19. 1600 hours: Japanese troops approach Kota Bharu Airfield; the five remaining Hudsons and six Vildebeests are evacuated to Kuantan.

Kuantan ③

④

（→口絵頁参照）　※地図中の「EVENTS」の和訳は78頁参照

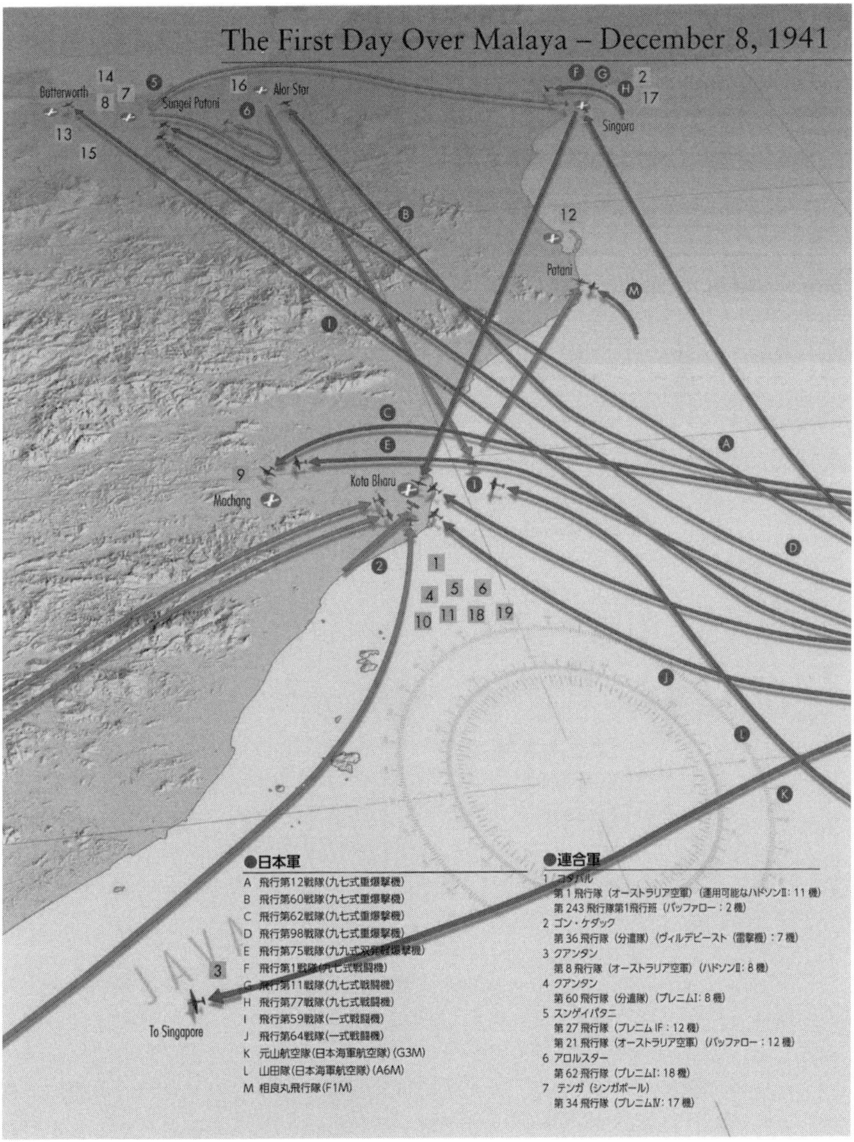
The First Day Over Malaya – December 8, 1941
Butterworth
Sungei Patani
Alor Star
Singora
Patani
Kota Bharu
Machang
To Singapore
●日本軍
A 飛行第12戦隊(九七式重爆撃機)
B 飛行第60戦隊(九七式重爆撃機)
C 飛行第62戦隊(九七式重爆撃機)
D 飛行第98戦隊(九七式重爆撃機)
E 飛行第75戦隊(九九式双発軽爆撃機)
F 飛行第1戦隊(九七式戦闘機)
G 飛行第11戦隊(九七式戦闘機)
H 飛行第77戦隊(九七式戦闘機)
I 飛行第59戦隊(一式戦闘機)
J 飛行第64戦隊(一式戦闘機)
K 元山航空隊(日本海軍航空隊)(G3M)
L 山田隊(日本海軍航空隊)(A6M)
M 相良丸飛行隊(F1M)
●連合軍
1 コタバル
第1飛行隊（オーストラリア空軍）（運用可能なハドソンII：11機）
第243飛行隊第1飛行班（バッファロー：2機）
2 ゴン・ケダック
第36飛行隊（分遣隊）（ヴィルデビースト（雷撃機）：7機）
3 クアンタン
第8飛行隊（オーストラリア空軍）（ハドソンII：8機）
4 クアンタン
第60飛行隊（分遣隊）（ブレニムI：8機）
5 スンゲイパタニ
第27飛行隊（ブレニムIF：12機）
第21飛行隊（オーストラリア空軍）（バッファロー：12機）
6 アロルスター
第62飛行隊（ブレニムI：18機）
7 テンガ（シンガポール）
第34飛行隊（ブレニムIV：17機）

■76頁図中の「出来事」（EVENTS）

1．02:08－06:00
第1飛行隊（オーストラリア空軍）のハドソンの2個編隊がコタバルから出撃。そのうちの1機が対空砲火により撃墜された。無傷だったハドソンは第2波の攻撃に出撃し、もう1機が対空砲火で撃墜され、少なくとも5機以上が損傷を被った。日本軍の3隻の輸送船は全てが大きな損害を受けた。その後に淡路山丸は沈没し、他の2隻は北へと撤退した。

2．04:00過ぎ
3個の飛行戦隊の九七式戦闘機がシンゴラ飛行場に到達。

3．04:15
美幌航空隊の17機の九六式陸上攻撃機がシンガポールを攻撃。対空砲火による迎撃は効果がなく、テンガ飛行場の3機のブレニムが損害を受けた。

4．06:00頃
第36飛行隊がコタバル沖に退避している日本軍への攻撃命令を受領。わずかに4機が豪雨と対空砲火を掻い潜り魚雷を投下したものの、全弾とも目標を逸れた。1機のヴィルデビーストが胴体着陸して登録を抹消された。

5．06:30
第243飛行隊の2機のバッファローがコタバル沖の荷船を機銃掃射。1機が地上からの砲火による損害を受けた。

6．06:30
第8飛行隊（オーストラリア空軍）の12機のハドソンと第60飛行隊の8機のブレニムⅣがクアンタンを離陸。コタバル沖へ進出して炎上中の淡路山丸と複数の小型艇を攻撃。1機のハドソンがコタバルに胴体着陸し、損傷した別の1機がセレターに帰投した。クアンタンに帰投した6機中の3機が対空砲火による損傷を受けていた。1機のハドソンが零戦1機の撃墜を記録した。また、ブレニムは北方の目標を攻撃した1機を除いた全機が炎上中の輸送船を繰り返し攻撃し、2機が対空砲火で失われた。

7．06:45
第27飛行隊の8機のブレニムが日本の艦船を攻撃するためにスンゲイパタニを離陸したが、悪天候のために止むを得ず帰投。

8．07:00
飛行第98戦隊の少なくとも5機の九七式重爆撃機がスンゲイパタニを爆撃。警戒待機していたバッファローが攻撃を受けている最中に緊急発進したが、機銃が故障したため日本軍の航空機に損害はなかった。爆撃により1機のブレニ

ムと2機のバッファローが破壊され、2機のブレニムと5機のバッファローが損傷したほか、主用滑走路が運用不能となった。

9．07:00

9機の九七式重爆撃機がマチャンを爆撃。1機のバッファローが攻撃したものの効果がなかった。九九式双発軽爆撃機もマチャンの飛行場を爆撃した。

10．07:30頃

テンガから出撃した第34飛行隊の9機のブレニムがコタバル沖の小型艇と上陸した部隊を攻撃。飛行第64戦隊の一式戦闘機が1機のブレニムを撃墜したとしているが、実際にはマチャンに胴体着陸していた。

11．09:00

九七式戦闘機と一式戦闘機がコタバルへの機銃掃射による波状攻撃を開始。1機のボーフォート写真偵察機が破壊された。別の戦闘機と軽爆撃機がマチャンとゴン・ケダックを終日にわたり攻撃。

12．09:00

第62飛行隊の11機のブレニムIVがアロルスターを離陸。コタバル沖では目標を発見できなかったため、北進してパタニに向かい雲上から爆弾を投下した。相良丸の2機の零式観測機による迎撃は成功しなかった。

13．09:00頃

残存していた第34飛行隊のブレニムが飛行第59戦隊の一式戦闘機による攻撃を受けている最中のバターワース飛行場へ到達。1機の一式戦闘機が応射で撃墜され、1機のブレニムが胴体着陸を余儀なくされた。

14．10:45

飛行第12戦隊の27機の九七式戦闘機がスンゲイパタニを攻撃して大きな戦果を獲得。この飛行場は、その日のうちに放棄された。

15．10:45頃

飛行第64戦隊の第1中隊がバターワース飛行場を攻撃。第34飛行隊の4機のブレニムが損傷した。

16．11:00頃

飛行第60戦隊の27機の九七式重爆撃機がアロルスターを攻撃。帰投したばかりの第62飛行隊の4機のブレニムが破壊され、5機が損傷した。

17．12:00頃

第21飛行隊（オーストラリア空軍）の2機のバッファローがシンゴラの偵察を敢行。飛行第11戦隊の九七式戦闘機による迎撃を受けたが、両機とも生還した。

18．12:00頃

4機のハドソンと3機のヴィルデビーストが沖合にいるとされた船舶を攻撃す

るためにコタバルを離陸。この情報は誤りであったため、これらの航空機は最終的に地上の目標を攻撃した。

19. 16:00
日本軍の地上部隊がコタバル飛行場に接近。残存していた5機のハドソンと6機のヴィルデビーストがクアンタンに退避した。

$\blacksquare\blacksquare\blacksquare\blacksquare\blacksquare\cdots\cdots\cdots\cdots\cdots\cdots\cdots\cdots\cdots\cdots\cdots\cdots\cdots\cdots\cdots\cdots\cdots\cdots\cdots\cdots$

第62飛行隊の11機のブレニムIVは、コタバルに到着した09:00の時点で何も攻撃目標を発見できなかったため、北進してパタニへと向かった。戦闘機と特設水上機母艦の相良丸から発進した2機の零式観測機に守られた多数の輸送艦を発見した彼らは、雲上から爆弾を投下した。この爆撃は成功しなかったものの、全ての航空機が生還した。この飛行隊は再武装と燃料補給のためにアロルスターへ帰投したが、在地しているところを飛行第60戦隊の27機の九七式重爆撃機に捕捉された。爆撃により4機のブレニムが破壊され、5機が損傷したほか、基地の燃料と複数の施設が炎上した。第21飛行隊（オーストラリア空軍）の2機のバッファローもシンゴラ沖で活動しており、12機の九七式戦闘機からの攻撃を受けたが、両機とも逃げ切ることができた。

第27飛行隊の8機の爆弾を搭載したブレニムIFは、早朝に攻撃を試みたものの、悪天候により帰投を余儀なくされた。その間に、日本軍は彼らの基地を攻撃した。スンゲイパタニは攻撃に備えた態勢が整っていなかった。分散エリアや効果的な警報シシテムは存在せず、わずか4門の40mm機関砲で基地を防衛していた。第21飛行隊（オーストラリア空軍）の4機のバッファローが緊急発進に備えて待機していたが、飛行第12戦隊の27機の九七式重爆撃機が最初の爆弾を投下する以前に離陸することはできなかった。日本軍の精密な爆撃を受けて3機のブレニムが損傷し、バッファローは2機が破壊されたほか5機以上が損害を受けた。主用滑走路は使用不能となった。第27飛行隊が運用できるブレニムは4機に減少し、最後の4機のバッファローはバターワースへの展開を命じられた。

バターワースも攻撃を受けている状態にあり、飛行第64戦隊の第1中隊の一式戦闘機からの機銃掃射に晒されていた。日本軍の戦闘機は、対空砲火を浴びることなく、第34飛行隊の4機のブレニムを損傷させた。

日本軍が特に懸念していたのは、進攻する輸送部隊に対する攻撃の中継

基地としてコタバルが使用されることであった。このため、コタバルは終日にわたり15分間隔で九七式戦闘機と一式戦闘機の小規模編隊による攻撃を受けた。これに飛行第15戦隊の九七式軽爆撃機が加わり、さらに2機のハドソンが損害を受けた。日本軍の地上部隊に飛行場が占領される前に、残存していた5機のハドソンと6機のヴィルデビーストはクアンタンへの展開を命じられた。日本軍が飛行場を占領した時に滑走路は使用できる状態にあり、爆弾や魚雷、そして燃料が残されたままであった。7機の損傷したハドソンも日本軍の手に渡ることになった。

　作戦の初日が終わるまでに、イギリス空軍はコタバルにある重要な飛行場を使用することができなくなった。これに加えて、イギリス空軍の爆撃機は甚大な損失を被った。日本軍の損失も大きかったが、その多くが操作に起因したものであり、8機が天候に関連した理由による損失であった。これとは別に18機が地上で失われたが、ほとんどが着陸時の事故によるものであった。

作戦2日目

　日本軍は2日目の対航空作戦で引き続きイギリス空軍の飛行場を激しく攻撃した。一式戦闘機に護衛された九九式双発軽爆撃機による大規模攻撃がマチャンの飛行場に対して行われた。この地域の防衛を担当していた第8インド旅団は南に撤退し、ゴン・ケダックとマチャンの飛行場を明け渡した。8日の遅くにコタバルを占領したことで、いまや第3飛行集団はマレーの3ヶ所の飛行場とタイ南部の数カ所の飛行場を確保していた。イギリス空軍はアロルスターの飛行場も放棄し、最後の7機の飛行可能なブレニムはバターワースへの展開を命じられた。

　このような痛手を被りながらもイギリス空軍は、第34飛行隊と第60飛行隊の合計6機のブレニムによるシンゴラ飛行場への攻撃を計画した。この攻撃編隊は午後の早い時間帯に目標上空に到着し、飛行第1戦隊の九七式戦闘機による迎撃を受けた。ブレニムは3機が撃墜され、生き残った3機は爆撃の戦果を確認できないままバターワースに帰投した。この3機は、第62飛行隊の3機のブレニムと合流し、改めてシンゴラを攻撃するように命じられた。この拠点は、別の爆撃機の到着前に九七式戦闘機に護衛された

九七式重爆撃機と九九式襲撃機による攻撃を受けた。ここにいた4機のバッファローが飛行場の防衛を試みたものの効果はなかった。即座に1機が撃墜され、もう1機は着陸を余儀なくされてから機銃掃射で破壊された。次に日本軍と交戦した2機編隊のバッファローも1機が撃墜され、もう1機は損傷を受けて着陸を余儀なくされた。これに続いて行われた爆撃により飛行場の施設は大きな損害を受け、数機のブレニムが破壊された。この襲撃の後、基地司令は残存した全ての航空機に飛行場から離脱するように命じた。第21飛行隊（オーストラリア空軍）の2機のバッファローはイポーへ向かい、第62飛行隊の2機のブレニムはタイピンに展開したほか、3個飛行隊で合計6機のブレニムの全機がシンガポールへの進出を命じられた。わずか2日でブレニムの戦力は粉砕されてしまった。当初に配備されていた47機は10機を残すのみとなり、そのうちで万全の態勢にあるのは2機に過ぎなかった。

　こうした惨事の最中にあってさえもイギリス空軍は、日本軍との戦いに力を注ぎ続けた。バターワースが爆撃されていたとき、シンゴラへの攻撃を命じられたブレニムのうちの1機が離陸を成し遂げて目標へと向かった。この爆撃機は単機で攻撃目標まで到達して単独で爆撃を敢行したが、戦果を確認することはできなかった。この勇敢な搭乗員は帰路の途中で日本軍の戦闘機から攻撃され、アロルスターでの胴体着陸を余儀なくされた。イギリス空軍の飛行場が攻撃に対して脆弱であったのと同様に、日本陸軍航空隊の飛行場も脆弱性に晒されていた。それはレーダーが全くなかったためであり、イギリス空軍に日本軍の飛行場を攻撃し続けられる十分な数の爆撃機があったならば、日本陸軍航空隊は非常に強い圧力を受けていたことだろう。

マレー中央部をめぐる戦い

　マレー北部のイギリス軍の航空戦力が壊滅した後の航空作戦の進み方は緩慢であった。その理由は、イギリス空軍は南部地域で戦力の再編を、日本陸軍航空隊は航空機の前方展開を進めていたためであった。イギリス空軍は、戦闘機の運用をシンガポールの防衛と輸送部隊の護衛に集中させることにした。これは、マレー北部における日本軍の航空優勢を強固なもの

にした。地上での戦闘も急速に日本軍の優位に傾いていった。第11インド
師団が12月11日にジットラでの戦いで壊滅し、マレー北部を喪失すること
になった。12月14日に日本軍は、実質的に無傷のアロルスター飛行場を占
領した。その2日後にペナン諸島が放棄され、そして日本軍に占領された。

　この間、日本陸軍航空隊はイギリス空軍の飛行場に圧力をかけ続けた。
第3飛行集団のイギリス空軍に対する独立戦闘は、そのソーティ数（訳者
注：飛行回数（のべ数））の大半が対航空に充当されて成果をあげていたが、
第25軍は不満を抱いていた。マレー北部と中央部の道路は限られた数しか
なく、日本陸軍航空隊が撤退しているイギリス軍を打ちのめせる機会はあ
ったものの、日本陸軍航空隊のドクトリンに阻止活動は含まれていなかっ
た。第3飛行集団は、ほぼ防御力を喪失して撤退しているイギリス軍の地
上部隊を強力な航空戦力で攻撃し続けるということは全く行わず、少数の
爆撃機の編隊による断続的な攻撃を行うのみであった。このような比較的
に烈度の低い航空活動でさえもイギリス軍の報告書では強調されており、
イギリス軍の地上部隊の士気を喪失させるという目に見える効果をあげて
いたのである。

　ペナンは、12月12日と13日における飛行第75戦隊と飛行第90戦隊の九九
式双発軽爆撃機による連続攻撃の標的となった。この攻撃を受けてプルフ
ォードは、第453飛行隊を16機のバッファローとともにバターワースへ後
退させることを12月12日に決めた。イギリス空軍は、シンゴラの日本軍が
主用している飛行場に対する攻勢対航空作戦を継続したかったが、運用で
きる爆撃機は少なく、戦闘機による護衛もできなかったため、実施するこ
とは不可能であった。

　日本陸軍航空隊は、航空機の前方展開を継続した。日本陸軍航空隊が非
常に迅速に航空機を前方展開させる能力を持っていたことは、プルフォー
ドにとり想定外であった。12月11日に飛行第11戦隊の一式戦闘機の1機目
がコタバルに到着した。日本軍は、12月15日の夕方には、九九式襲撃機と
九八式直接協同偵察機を装備する第83独立飛行隊の主要部隊を、九九式双
発軽爆撃機とともにコタバル飛行場へ展開させていた。そこには、イギリ
ス空軍の厚意である大量の燃料と軍需物資があった。

　次の一斉攻撃の標的とされたイギリス空軍の飛行場はイポーであった。
12月14日の時点において現地の2個飛行隊（第453飛行隊と第21飛行隊（オー

九九式双発軽爆撃機は、日本陸軍航空隊が運用した最良の軽爆撃機であり、飛行第75戦隊と飛行第90戦隊に配備されていた。あらゆる点において平凡な機体であったが、連合軍の飛行場に対する攻撃作戦で重要な役割を果たした。　　（Philip Jarrett Collection）

ストラリア空軍））は運用可能なバッファローを保有していなかったが、15日には4機での空中哨戒を維持できるだけの十分な機数が送り込まれた。これらの戦闘機は、飛行第90戦隊の九九式双発軽爆撃機の大規模な編隊と交戦し、1機を撃墜した。17日に再び現れた日本軍は戦力を増強しており、飛行第59戦隊の一式戦闘機と2波の爆撃機編隊で構成されていた。この襲撃をバッファローが迎撃したが、日本軍の戦闘機に2機が撃墜されたほか1機が墜落した。爆撃機は、さらに2機の地上にいたバッファローを破壊し、もう1機を損傷させた。その翌日も日本軍は圧力をかけ続けた。飛行第59戦隊の一式戦闘機と飛行第90戦隊の九九式双発軽爆撃機による2波の攻撃が行われたことで、さらに2機のバッファローが地上で破壊され、3機が損傷した。19日にはイポーにいる運用可能なバッファローは7機のみとなり、その日の朝に爆撃機の奇襲を受けて更に2機が地上で破壊された。イギリス空軍はイポーを放棄し、残存していた航空機をクアラルンプールへと南下させた。

　日本陸軍航空隊は、12月20日に航空機をスンゲイパタニ飛行場に進出させた。ここでも日本軍は残置された大量の燃料と軍需物資を発見した。ここを拠点として日本軍はクアラルンプールへの攻撃を開始した。21日には、飛行第59戦隊の12機の一式戦闘機に護衛された飛行第27戦隊と飛行第90戦隊の合計14機の軽爆撃機による最初の攻撃が敢行された。2機のバッファローが日本軍を迎撃し、1機のバッファローが撃墜されたのと引き換えに1機の軽爆撃機を撃墜した。これらの爆撃による飛行場の被害は軽微であった。その翌日に日本軍は再び現れ、これまでの作戦で最大規模の空中戦が行われた。この日の午前の遅い時間帯に第453飛行隊の12機のバッファローが飛行していると、飛行第64戦隊の18機の一式戦闘機が現れ、上空にい

る優位性を活かして急降下攻撃を
仕掛けた。奇襲攻撃でイギリス軍
を捉えた日本軍は、11機のバッ
ファローを撃墜したほかに4機を撃
墜した可能性があるとした。これ
は過大な戦果報告の一例であった
が、実際に十分な戦果を上げてい
た。飛行していた12機のバッファ
ローのうちクアラルンプールに帰
投したのは6機のみであり、もう1
機が別の飛行場に着陸したほか、
3機が撃墜されて2機が墜落を強い
られた。その日の後半の攻撃で
は、一式戦闘機の機銃掃射により
1機のバッファローが地上で撃破
された。その日の終わりには、第
453飛行隊が運用できるバッファ
ローは3機のみとなった。

日本陸軍航空隊にとり幸運であったのは、一式
戦闘機が開戦前に部隊配備されたことであった。
一式戦闘機はマレーでの作戦に必要とされた
航続距離を有しており、第3飛行集団の対航空
作戦において重要な役割を果たした。この新型
戦闘機を日本軍は第3飛行集団の2つの飛行戦
隊に配備していた。この写真は、コタバルで離
陸準備している飛行第64戦隊の一式戦闘機で
ある。一式戦闘機は、1941年12月22日の第453
飛行隊との大規模な戦闘でバッファローよりも
優れていることを示した。しかしながら、この戦
闘で写真の機体は失われた。おそらく翼が折れ
たためであり、これは初期型の一式戦闘機にみ
られた問題点の1つであった。

(Andrew Thomas Collection)

　マレー中央部をめぐる地上戦闘
は、非常に短時間のうちに決した。マレーの司令官であり、失敗に終わっ
た地上戦の立案者であったアーサー・パーシバル（Arthur　Percival）陸軍
中将は、部下の地上部隊指揮官にカンパルで抗戦するように命じた。パー
シバルは、死活的に重要である戦力増強のための輸送部隊が数回にわたり
安全に到着できるようにするため、マレー中央部の飛行場を保持し続ける
ことが不可欠と判断していた。カンパルでの抵抗は、イギリス軍が包囲さ
れるのを回避するために撤退を決めるまでの4日間のみ続けられた。1月3
日にはクアンタン飛行場が放棄された。1月7日のスリム河の戦いで2つの
インド軍の旅団が日本軍の小規模な戦車部隊によって撃破され、これがマ
レー中央部の喪失へとつながった。その翌日、イギリス軍はマレー南部へ
の撤退を決めた。オーストラリア軍の地上部隊が戦闘に投入されたが、そ
れでも日本軍を止めることはできなかった。1月25日にイギリス軍の司令
官は、マレーを放棄してシンガポール島へ退却することを決定した。

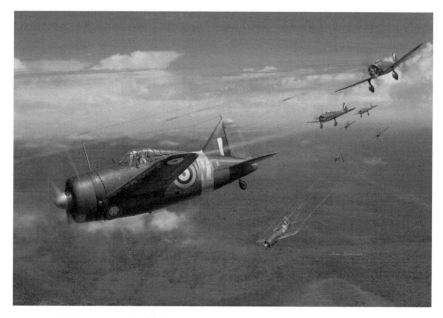

◎バッファロー対九七式戦闘機

　12月8日に飛行部隊は激しく活動した。日本軍はマレー北部のイギリス空軍の施設に対して連続波状攻撃を仕掛け、イギリス空軍はコタバルとシンゴラの沖合で日本軍の上陸部隊を攻撃しようとした。スンゲイパタニを拠点としていた第21飛行隊（オーストラリア空軍）の2機のバッファローは、シンゴラ上空での偵察任務を命じられた。この2機は、目的地への進出中に十数機の固定脚の戦闘機による迎撃を受けた。オーストラリア軍のパイロットは、これらを「海軍の九六式」（九六式艦上戦闘機）と識別したが、実際は飛行第11戦隊の九七式戦闘機であった。2機のバッファローは、機動性では太刀打ちできない日本軍の戦闘機に上手く対応した。編隊長のキニンモント（Kinninmont）空軍大尉は、1機の九七式戦闘機が上空から自分をめがけて急降下してきており、別の1機に素早く背後をとられたことを伝えると、自機のバッファローを急降下させた。これに3機の日本軍の戦闘機が続いた。彼は、旋回を繰り返して追随してくる日本軍からの攻撃を回避し、低空飛行でマレーの国境へ向かい逃げ切った。彼の僚機も同じ戦法を使い、両機ともスンゲイパタニに帰投した。飛行第11戦隊のパイロットは2機のバッファローを撃墜し、味方の損失はなかったと戦果報告した。多くのバッファローが非常に機動性に優れる九七式戦闘機との格闘戦で失われたが、この状況においてオーストラリア軍のパイロットは、逃げるために高速で急降下するという正しい選択をしたのであった。

日本海軍航空隊の航空作戦

　日本海軍航空隊は日本陸軍航空隊と概ね横並びで戦ったが、それぞれの作戦は緩く調整されているのみであった。日本海軍航空隊が最優先の攻撃目標としたのは洋上の目標であり、その次にシンガポール島の戦略的な目標が位置づけられていた。第22航空戦隊がマレーのイギリス空軍への対航空作戦の支援に全戦力を投入できなかったのも、西ボルネオへの上陸を支援する責任を負っていたからであった。12月8日の早朝のうちに日本海軍航空隊はシンガポールに対する最初の攻撃を敢行した。この最初の攻撃で、元山航空隊の34機の九六式陸上攻撃機は気象条件を理由に帰投を余儀なくされた。第2波の攻撃は美幌航空隊が担当し、31機の九六式陸上攻撃機を出撃させた。このうちの14機は悪天候のため引き返さざるを得なかったが、残りの17機はケッペル港の海軍基地のほかセレターとテンガの飛行場を爆撃した。イギリス軍のレーダーが攻撃部隊の来襲を探知し、戦闘機が緊急発進の態勢をとったが、対空砲の部隊が自由射撃を要求したので出撃は命じられなかった。攻撃部隊は大雑把な対空砲火を見舞われたのみで多くの爆弾が都市部に落とされ、テンガでは第34飛行隊の3機のブレニムが損害を受けた。

　日本海軍航空隊は、12月9日にイギリス空軍の施設を攻撃した。クアンタン飛行場は、元山航空隊と美幌航空隊の2個中隊の九六式陸上攻撃機による猛攻撃に晒された。この飛行場には対空機関砲が配備されていなかった。このため、進出した爆撃機は妨害されることなく爆撃と機銃掃射を行い、3機のハドソンと2機のヴィルデビースト、そして1機のブレニムを含む複数機を破壊し、さらに2機のハドソンと1機のブレニムを損傷させた。この衝撃的な攻撃を受けて、全ての飛行可能な航空機はシンガポールへの展開を命じられ、16:00に10機のハドソンと8機のヴィルデビーストが離陸して南に向かった。これに続いて地上要員がパニック状態で退去し、またしても大量の燃料や物資が残されたままとなった。クアンタン飛行場の位置づけは、前線の着陸場（訳者注：部隊の前進に際して、拠点としている飛行場からの出撃では航続距離等が足りなくなる場合に備え、前線地域に設置された整備能力等が限定的な飛行場）へと格下げされた。

極東に配備されたイギリス空軍の
夜間戦闘機は、第27飛行隊の12
機のブレニムIFのみであった。こ
の航空機はレーダーを装備してい
ないため実質的に夜間戦闘機とし
ては使い物にならず、この作戦で
は主に通常の爆撃機として運用さ
れた。

(Andrew Thomas Collection)

Z艦隊の最後

　イギリス海軍がプリンス・オブ・ウェールズとレパルスをシンガポール
に派遣したことに対応し、日本海軍は精鋭部隊である鹿屋航空隊の27機の
一式陸上攻撃機をインドシナに展開させた。日本海軍は、これと元山航空
隊と美幌航空隊の九六式陸上攻撃機とを組み合わせることで、Z艦隊を航
空戦力のみで無力化しようとしていた。これは戦況を左右する正念場であ
った。なぜならば、この2隻のイギリス軍の主力艦は日本軍の進攻計画を
水の泡にする能力を持っていたからである。日本海軍は南シナ海で首尾よ
くZ艦隊と交戦できるだけの十分な水上戦力を有していたが、航空攻撃で
イギリス軍の脅威を排除できるならば、水上での行動の不確実性を払拭す
ることができた。

　Z艦隊の位置が特定されると、すぐに日本軍は3個の航空隊の全てを投
じる大規模な攻撃を計画した。ドクトリンのとおり、九六式陸上攻撃機の
編隊が水平爆撃して戦いの火蓋を切り、次に続く雷撃に対する注意をそら
すことになっていた。日本軍は、重武装された主力艦を爆撃によって撃沈
できるとは思っていなかったが、Z艦隊の対空戦闘能力を大幅に減殺でき
ることを期待していた。攻撃の主力は、海面上空を約100フィートで飛行
して高性能の九一型航空魚雷を艦艇に対して直角に命中させることを担う
雷撃機であった。鹿屋航空隊は、長期間の雷撃訓練を終えたばかりであり、
特に有効な戦力として期待されていた。

　日本軍の航空戦力とイギリス軍の艦隊とが戦火を交えるまでに長くはか
からなかった。日本軍がタイとマレーの合計3箇所に上陸したとの情報を
12月8日に得たZ艦隊司令官のトム・フィリップス（Tom Phillips）提督は、

わずかでも日本軍の進攻を撃破できる見込みがあるならば即座に行動しなければならないと決心した。モンスーンの悪天候で空が覆われているなか、フィリップスはシンガポールの海軍基地を12月8日の夕暮れ時に出港し、シンゴラ沖にいる日本軍の進攻艦隊を攻撃するために針路をとった。その後に攻撃目標はコタバルに変更された。これは、12月10日の朝には現地に到着できると見込まれたからであった。プリンス・オブ・ウェールズとレパルスには4隻の駆逐艦が随伴していたが、これらの中で評価に値する対空戦闘能力を有していたのはプリンス・オブ・ウェールズのみであり、それでも低空飛行で攻撃してくる航空機への対処能力は限定的であった。フィリップスは自分がリスクを取っていることを認識していたが、日本海軍航空隊が擁する陸上配備型の爆撃機の真の能力には全く考えが及んでいなかった。イギリス海軍は日本軍の爆撃機の実際の航続距離や雷撃能力があることを知らず、ドイツ軍やイタリア軍が行なっているような粗悪な水平爆撃での攻撃しかできないだろうと見積もっていた。

これは日本軍がZ艦隊に対する攻撃を開始した段階で撮影された写真である。写真の上部にいる巡洋戦艦レパルスの周囲で爆弾が爆発しており、写真の下部の戦艦プリンス・オブ・ウェールズは蒸気をあげながら高速で移動している。高い練度の日本軍の爆撃機でも水平爆撃で実際に損傷を負わせることはできなかったが、これに続いた雷撃による攻撃が両艦の致命傷となった。
(Naval History and Heritage Command)

　フィリップスは、厚い雲を利用してコタバル沖の日本軍を奇襲できるように願ったが、運は味方してくれなかった。13:45に日本軍の潜水艦がZ艦隊を補足し、17:40には3機の爆撃機のうちの1機が晴れた空からイギリス軍の艦隊を発見した。フィリップスは20:00を過ぎてから作戦を中止し、約275マイルの距離にあるシンガポールに向けて艦隊を南下させたが、この命令は日本軍がクアンタンに上陸したとの情報がもたらされた23:55に変更された。この情報は全くの間違いであったが、Z艦隊の現在地からクアンタンまでの距離はわずか120マイルであったことから、フィリップスは現地の状況

この日本軍が撮影した低品質なZ艦隊の写真には、前方の駆逐艦と後方にいるプリンス・オブ・ウェールズとレパルスが日本軍の攻撃を回避している様子が収められている。Z艦隊の2隻の主力艦を撃沈したことは、この作戦における日本海軍航空隊の見事な戦果であった。

（Naval History and heritage Command）

を調査することにした。クアンタンから最も近い日本海軍航空隊の基地までの距離は約450マイルであり、艦隊は日本軍が効果的な航空攻撃をできる範囲の外側にいるとフィリップスは思っていた。そこで彼は無線封止を維持するため、そして同じ情報を得たシンガポールの参謀長がクアンタンに向けて艦隊が針路を取ったことを知り戦闘機の援護を手配するだろうと考え、この計画変更にあたり戦闘機による援護を要求しなかった。フィリップスは12月10日の08:00にはクアンタン沖に到達し、プリンス・オブ・ウェールズから発進した1機の航空機と1隻の駆逐艦が調査に差し向けられたが、日本軍の形跡は何も見つからなかった。この後もフィリップスは、いくつかの荷船と牽引船を発見したとの別の誤情報について調査するため、さらに90分もクアンタン沖に居座っていた。

　フィリップスが比較的に安全なシンガポールへ引き返さずに幻影を追っていた時に、日本軍は海軍の歴史を塗り替える攻撃を開始した。元山航空隊の9機の九六式陸上攻撃機が04:55に離陸し、これに続いて05:30に2機の九八式陸上偵察機が離陸した。攻撃の主力である合計85機の九六式陸上攻撃機と一式陸上攻撃機は06:25から08:00にかけて出撃した。この主力部隊のうち26機が魚雷を搭載した鹿屋航空隊の一式陸上攻撃機であり、59機の九六式陸上攻撃機のうち魚雷を搭載したのは25機で、残りは爆弾を搭載していた。

　日本軍は連携攻撃のドクトリンを実行することはできなかったものの、その代わりに複数の編隊が燃料の続く限り細かく攻撃をし続けるというように戦い方が進化した。日本軍は10:13に1隻の駆逐艦を発見した。これは

燃料の問題に起因してZ艦隊から分離されていた駆逐艦であり、9機の九六式陸上攻撃機が爆撃したが失敗に終わった。偵察機のうちの1機がクアンタン沖でZ艦隊を発見したのは10:15であった。フィリップスは、自分の位置を特定されたことを知り、もはや無線封止を続ける必要がなくなってからでさえも、戦闘機の援護を要請しなかった。

　11:00ちょうど過ぎに日本軍の攻撃は激しくなり始めた。最初の攻撃編隊である美幌航空隊の8機の九六式陸上攻撃機が11:15にレパルスを攻撃した。爆撃機はそれぞれ2発の550ポンド爆弾を投下したが、命中したのは1発のみであった。その1発はレパルスの航空機格納庫に命中して火災を引き起こしたが、すぐに消火された。一定の進路と速度を維持した密集編隊で水平飛行する爆撃機へのイギリス軍の対空砲火は非常に効果的であり、8機の爆撃機のうちの5機が損害を受けた。

　この戦いの帰趨を決めたのは、次に行われた元山航空隊の17機の魚雷を搭載した九六式陸上攻撃機による攻撃であった。8機の爆撃機がプリンス・オブ・ウェールズを攻撃目標に定めた。日本軍は3発の魚雷が命中したとしたが、実際には2発のみであった。これらの魚雷は11:44に後部14インチ砲塔部の左舷に命中して外側のプロペラ・シャフトを座屈させ、いくつかの区画を浸水させた。その効果は劇的であった。プリンス・オブ・ウェールズは11.5度まで傾き、速度は15ノットに落ち込み、主要な対空砲への電力供給が絶たれた。別の9機がレパルスを狙ったが、見事な操艦をしたレパルスは全弾を回避した。また、この時のレパルスは6機の美幌航空隊の九六式陸上攻撃機による爆撃も回避した。

　さらに8機の美幌航空隊の九六式陸上攻撃機が11:57から12:02の間にレパルスを魚雷で攻撃したが、再びレパルスの艦長は全弾を回避した。次の攻撃は、12:20から12:32の間に鹿屋航空隊の26機の一式陸上攻撃機が実施した。鹿屋航空隊の搭乗員は、壊滅的な打撃を与えることで精鋭としての高い評価を確かなものにした。機能不全に陥り動きがとれなくなったプリンス・オブ・ウェールズを6機の一式陸上攻撃機が攻撃し、4発の魚雷を右舷側に命中させて致命傷を負わせた。これとは別に20機がレパルスを挟み撃ちするために隊列を組んでいた。これは見事に功を奏し、この時は熟練の艦長も自艦に迫りくる一斉射撃を回避することはできなかった。喫水線下に最小限の防護しか施していない旧式の巡洋戦艦に5発の魚雷が命中し

た。レパルスは急激に左舷側へ傾き、12:33に513人の乗組員とともに沈没した。

　もはやプリンス・オブ・ウェールズの命運も尽きていた。1機の美幌航空隊の九六式陸上攻撃機が投下した1発の1,100ポンド爆弾が上甲板に命中し、それが主装甲甲板を貫通したところで爆発して大量の戦死者を生じさせた。プリンス・オブ・ウェールズは左舷側に傾きながら沈み続け、13:15に退艦命令が出された。その5分後に、プリンス・オブ・ウェールズは327人の乗組員とともに転覆した。

　極東にいるイギリス軍の海上戦力を無力化するために日本軍が払った代償は僅かで、3機の航空機と21名の搭乗員を失ったほかに27機が損傷を受けたのみであった。Z艦隊が壊滅した理由は数多くあるものの、その主要な理由は何よりも明らかである。日本海軍航空隊は、洋上の目標に対する卓越した攻撃能力を保有していた。もしもイギリス軍が多少の戦闘機でZ艦隊を援護できていたとしても（第453飛行隊が援護のために待機し続けていた）大きな違いはなかっただろう。日本海軍航空隊は、敵艦の上空を戦闘機が重厚に防護していることを想定した訓練をしていた。また、一握りのバッファローでは、徹底的に攻撃してくる日本軍と同じ技量と決意をもって守り切ることはできなかっただろう。

　Z艦隊を壊滅させた以降の第22航空戦隊の主要な任務はボルネオの目標に対する攻撃となったが、シンガポールにも定期的に攻撃が差し向けられた。第22航空戦隊は、12月末に19機の零戦からなる戦闘機部隊と5機の九八式陸上偵察機をコタバルに、爆撃機をボルネオのミリとクチンに移動させた。12月29日に元山航空隊はシンガポールへの攻撃を再開した。8機の九六式陸上攻撃機がセレター飛行場を、9機がシンガポールの市街地を攻撃し、14機がケッペル港を爆撃した。1942年の元日には美幌航空隊の25機の九六式陸上攻撃機がセレターとセンバワンの飛行場を攻撃し、第27飛行隊の5機のブレニムIFが迎撃しようとしたものの会敵することはできなかった。

シンガポールをめぐる航空戦の激化

　マレーとシンガポールをめぐる航空戦の最後の7週間では、イギリス軍

の航空戦力の決定的な弱体化が見られた。日本陸軍航空隊はシンガポール
にあるイギリス空軍の施設を攻撃するために部隊を前方に展開させ続け、
第22航空戦隊もシンガポールの目標への攻撃を継続した。日本軍のシンガ
ポールに対する連携攻撃は1月12日に激しさを増し、2月15日にイギリス軍
が降伏するまで続けられた。この間にイギリス空軍が作戦に投入できた戦
闘機は平均して30機以下であり、爆撃機は全機（平均で約75機）がスマト
ラ島の飛行場へと移された。イギリス空軍は、戦力の増強が途絶え、ある
いは残された数少ない飛行場を適切に防衛するための手段を持ち合わせて
おらず、最終的に打ち負かされることは不可避であった。

　イギリス空軍がマレーの飛行場を放棄し、シンガポールへと後退してい
くにつれて日本軍は飛行部隊を前方へと移動させ続け、12月27日には第3
飛行集団がスンゲイパタニに約80機を展開させていた。この魅力的な攻撃
目標に対し、イギリス空軍は27日の夕暮れ時に大規模な攻撃を仕掛けた。
第34飛行隊の6機のブレニムと第8飛行隊（オーストラリア空軍）の5機のハ
ドソンで編成された攻撃部隊は完全な奇襲に成功し、妨害を受けることな
く30分にわたり爆撃と機銃掃射を行った。爆撃機の搭乗員は多数の航空機
に爆弾等を命中させたとし、この基地の上空を翌日に偵察飛行して写真撮
影したバッファローが約15機を破壊したことを確認した。実際に日本軍は
飛行第27戦隊の8から9機の九九式襲撃機を破壊され、およそ50機以上の航
空機が損傷を受けるといった大きな損害を出していたが、この攻撃の成功
をもってしても日本軍に及ぼした影響は極めて限定的であった。すぐに損
傷した航空機の半数が修復され、予備機から7機の九九式襲撃機が飛行第27
戦隊に配備された。第34飛行隊は、12月28日から29日にかけての夜間に6
機以上のブレニムで再びスンゲイパタニを攻撃したが、これは成功しなか
った。目標に到達した爆撃機は4機のみで、1機の九九式襲撃機を破壊した
が、1機のブレニムが対空砲によって撃墜されたほか、もう1機が失われた。

　1月1日にシンガポールのテンガ飛行場は少数の九九式双発軽爆撃機と九
七式重爆撃機による攻撃を受け、3機のソードフィッシュが破壊された。
これに対してイギリス空軍も日本軍の飛行場への対航空作戦に注力し続け
ており、3機のブレニムが飛行第98戦隊の基地を攻撃して2機を破壊したほ
か多数機を損傷させた。イギリス空軍がマレーにおいて完全な状態で運用
できる最後の飛行場であるクルアン飛行場は、一式戦闘機に援護された飛

マレーの地図（→口絵頁参照）

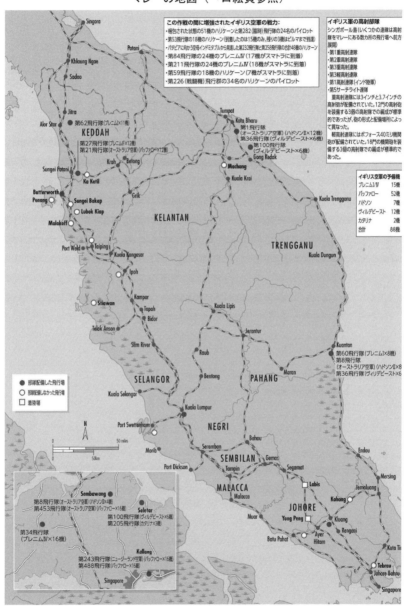

この作戦の間に増強されたイギリス空軍の戦力：
・梱包された状態の51機のハリケーンと第282（臨時）飛行隊の24名のパイロット
・第53飛行隊の18機のハリケーン（到着したのは15機のみ、残りの3機はビルマまで到達）
・バタビアに向かう空母インドミタブルから発艦した第232飛行隊と第258飛行隊の合計48機のハリケーン
・第84飛行隊の24機のブレニムⅣ（17機がスマトラに到着）
・第211飛行隊の24機のブレニムⅣ（18機がスマトラに到着）
・第59飛行隊の18機のハリケーン（7機がスマトラに到着）
・第226（戦闘機）飛行群の34名のハリケーンのパイロット

イギリス軍の高射部隊
シンガポール島（いくつかの連隊は高射隊をマレーにある数か所の飛行場まで前方展開）
・第1重高射連隊
・第2重高射連隊
・第3重高射連隊
・第3軽高射連隊
・第1高射連隊（インド駐屯）
・第5サーチライト連隊
重高射連隊には3インチと3.7インチの高射砲が配備されていた。12門の高射砲を装備する3個の高射砲の編成が標準的であったが、砲の形式と配備場所によって異なった。
軽高射連隊にはボフォース40ミリ機関砲が配備されていた。18門の機関砲を装備する3個の高射隊での編成が標準的であった。

イギリス空軍の予備機

ブレニムⅠ/Ⅳ	15機
バッファロー	52機
ハドソン	7機
ヴィルデビースト	12機
カタリナ	2機
合計	88機

第62飛行隊（ブレニム×11機）

第27飛行隊（ブレニムFX12機）
第21飛行隊（オーストラリア空軍）（バッファロー×12機）

第1飛行隊（オーストラリア空軍）（ハドソンⅡ×12機）
第36飛行隊（ヴィルデビースト×6機）
第100飛行隊（ヴィルデビースト×6機）

第60飛行隊（ブレニムⅠ×8機）
第8飛行隊（オーストラリア空軍）（ハドソンⅡ×8
第36飛行隊（ヴィルデビースト×6

● 部隊配備した飛行場
○ 部隊配備しなかった飛行場
□ 着陸場

N
50 miles
50km

第8飛行隊（オーストラリア空軍）（ハドソン×4機）
第453飛行隊（オーストラリア空軍）（バッファロー×16機）

第100飛行隊（ヴィルデビースト×6機）
第205飛行隊（カタリナ×3機）

第34飛行隊（ブレニムⅣ×16機）

第243飛行隊（ニュージーランド空軍）（バッファロー×16機）
第488飛行隊（バッファロー×16機）

Singora
Patani
Khlaung Ngae
Sadao
Jitra
Alor Star
KEDDAH
Sungei Patani
Ka Ketil
Butterworth
Penang
Sungei Bakap
Lubok Kiap
Malakoff
Port Weld
Taiping
Kuala Kangsar
Ipoh
Kampar
Tapah
Bidor
Slim River
Telok Anson
Stiawan
SELANGOR
Kuala Selangor
Port Swettenham
Morib
Port Dickson
Krah
Belong
Grik
KELANTAN
Raub
Bentong
Kuala Lumpur
Seremban
Tampin
SEMBILAN
MALACCA
Malacca
Muar
Batu Pahat
Tumpat
Kota Bharu
Gong Kedak
Machang
Kuala Krai
Kuala Lipis
Jerantut
Maran
PAHANG
Bahau
NEGRI
Gemas
Segamat
JOHORE
Yong Peng
Ayer Hitam
Kuala Trengganu
TRENGGANU
Kuala Dungun
Kuantan
Endau
Mersing
Jemaluong
Kahang
Kluang
Rengam
Labis
Tebrau
Johore Bahru
Singapore
Kota Ti

Sembawang
Seletar
Kallang
Singapore

94

これは1942年後半にイポーへ展開した飛行第64戦隊の一式戦闘機で、シンガポールへの最終的な攻撃の準備をしているところである。この機体には第2中隊のマーキングが施されている。この作戦において、飛行第64戦隊のパイロットが撃墜した機数は、マレーのクアラランプールで11機、シンガポールで39機、ジャワで18機とされている。
（Andrew Thomas Collection）

行第75戦隊と飛行第90戦隊の九九式双発軽爆撃機による攻撃を1月5日に受け、1機のブレニムが地上で破壊された。

　第3飛行集団は、一式戦闘機を装備している飛行第64戦隊を1月9日にはイポー飛行場へ展開させていた。これを察知したイギリス空軍は、この飛行場を即座に攻撃するように命令を発した。第36飛行隊の12機のヴィルデビーストに夜間攻撃のための爆弾が搭載され、11機が目標への爆撃を敢行して日本軍の2機の戦闘機を破壊した。この攻撃で失われたヴィルデビーストは1機のみであった。

　その翌日、第243飛行隊の2機のバッファローがレーダーの誘導を受けてシンガポールに接近してくる1機の一〇〇式司令部偵察機を迎撃して撃墜したが、この成功が日本軍の地上での前進を止めることは全くなかった。1月11日に日本軍はクアラランプールに入った。イギリス軍は、爆破によって日本軍が飛行場を使用できないようにすることを試みており、日本軍が運用を開始するまでには3ヵ月を要するだろうと見積もっていたが、実のところ日本軍は3日で運用を開始した。

　日本軍はシンガポールに対する空からの電撃戦を1月12日に開始した。第12飛行団の2つの飛行戦隊の九七式戦闘機はクアンタンへの展開を済ませており、このうちの72機がシンガポールでの戦闘機掃討に送り出された。第488飛行隊の8機のバッファローが迎撃を命じられ、すぐに続けて6機が後を追った。優位に立ったのは秀でた機動性を活かした九七式戦闘機であった。飛行第11戦隊は10機のバッファローの撃墜を報告したが、実際には2機が撃墜されたほか最初に迎撃した8機のうち5機が損傷を受けていた。後続した6機は全機が帰投した。九七式戦闘機の後方には、飛行第59戦隊と飛行第64戦隊の42機の一式戦闘機に護衛された30機の爆撃機の編隊が控

えていた。この後続部隊は出撃の間に飛行第59戦隊の4機の戦闘機を空中衝突で失うという大きな損失を出していたが、シンガポールに到達したときに飛行していたのは3機のバッファローのみであった（このうち2機はオランダ軍）。この3機は広がる雲を利用して逃げ切った。セレター飛行場への爆撃はハドソンを狙ったものだった。その日の午後に70機の九七式戦闘機が再び現れて大規模な空中戦が行われた。またもバッファローは手荒く扱われ、2機が撃墜されたほかに2機が損傷を受けた。その日のうちにシンガポールの戦闘機軍団は島と島内の施設を防衛できないということを証明することになった。日本軍の3波の攻撃に対抗したバッファローのソーティ数は54で、6機が撃墜されたことに加えて少なくとも4機が損傷を受け、さらに3機以上が事故で失われていた。

　イギリス空軍は果敢に日本陸軍航空隊の飛行場に対する攻撃を続けた。1月13日の未明に8機のハドソンがクアンタンを攻撃したが戦果は不明だった。日本陸軍航空隊は、その前日の大規模攻撃を天候不良により実行できなかったことを受けて、同じく13日の昼間帯に大規模攻撃を仕掛けるために合計81機の爆撃機を出撃させたが、またも悪天候により計画どおりにならなかった。3機の爆撃機がケッペル港を09:30頃に爆撃し、美幌航空隊は代替目標に向かい第488飛行隊の8機のバッファローからの攻撃を受けた。バッファローは爆撃機を後方から攻撃したが、爆撃機からの集中砲火により3機が撃墜された。第488飛行隊は、さらに1機が運用不能となり失われたことで、さらに状況が悪化した。

　1月13日の午後には2つの飛行戦隊の一式戦闘機が1つの小規模な爆撃機の編隊を護衛し、シンガポールの上空で戦闘機掃討を行った。これを迎撃できた第243飛行隊が1機の一式戦闘機を撃墜した。イギリス空軍にとり朗報であったのは、この日に51機の梱包されたハリケーンと第232（臨時）飛行隊の24名のパイロットを搭載した輸送船団が到着したことだった。1月17日には21機のハリケーンが運用可能な状態となった。

　日本軍は14日も圧力をかけ続けた。51機の日本海軍航空隊の爆撃機は天候不良により引き返したが、これを護衛していた零戦は第243飛行隊と第488飛行隊の数機のバッファローと会敵した。その日の遅くに帰投した九七式戦闘機は、イギリス空軍の戦闘機と会敵することはなかったものの、港に1隻の空母がいることを報告した。6機以上のブレニムがスンゲイパタ

ニに駐機している日本軍の航空機を攻撃するために出撃し、2機が目標に到達したものの戦果を確認することはできず、1機は帰還できなかった。

　当然ながら、ケッペル港に1隻の空母がいるとの報告は日本海軍を非常に沸き立たせた。この重要な目標を攻撃するため、1月15日に鹿屋航空隊の27機の一式陸上攻撃機が3機の零戦の小規模な編隊に護衛されて出撃した。この攻撃部隊は09:45に港の上空に到達したが空母を発見することはできなかったため、テンガを爆撃しに向かった。これは、同日中に何度も行われた日本陸軍航空隊による攻撃の始まりに過ぎなかった。テンガとセンバワンは、それぞれ飛行第59戦隊の一式戦闘機に護衛された8機の爆撃機の攻撃目標とされた。九七式戦闘機も島の上空を哨戒し、第47独立中隊の少なくとも2機の二式戦闘機が初めて島の上空に姿を現した。飛行第64戦隊は、セレターとシンガポールの市街地に向かう爆撃機を護衛した。第243飛行隊と第488飛行隊、そして第21飛行隊と第453飛行隊との混成飛行隊のバッファローが1日を通して果敢に戦い、これに3機のオランダ軍のバッファローも加わった。少なくともイギリス空軍の2機のバッファローとオランダ軍の1機が空中戦で撃墜され、多数機が損傷を受けた。これに対して日本軍は、少なくとも九七式戦闘機と一式戦闘機それぞれ1機を喪失した。

　1月16日には両軍とも攻勢作戦を敢行した。この日の午前中に元山航空隊の24機の九六式陸上攻撃機が12機の零戦に護衛されながらセレター飛行場を攻撃した。イギリス空軍のバッファローは迎撃できず、爆撃機は妨害されることなく爆弾を投下したが、4機が対空砲火により損傷した。その日の遅くに第243飛行隊のバッファローが日本海軍の1機の九八式陸上偵察機と会敵し、これを撃墜した。

　この日を通してイギリス空軍はマレー西部の主要道路を集中攻撃した。これは、大規模な日本軍の車列がいるとの偵察結果を受けたものだった。6機のオランダ軍のマーティンと12機のバッファローが最初の攻撃を行い、戦闘機は弾切れするまで機銃掃射して十分な戦果が得られたと報告した。全ての戦闘機が帰投したが、そのうちの5機に地上からの砲火が命中していた。第2波の攻撃は、別の6機のバッファローと対人爆弾を搭載した6機のブレニムによって行われ、ブレニムの1機がテンガへの帰投中に墜落を余儀なくされた。注目すべきは、イギリス軍の戦闘機による攻撃が、日本

この作戦に参加した日本海軍航空隊の5個の爆撃機の部隊のうち3個は中型爆撃機である九六式陸上攻撃機を装備していた。爆弾と魚雷の両方を搭載できた九六式陸上攻撃機は、地上目標と海上目標の両方を攻撃することができた。
(Naval History and Heritage Command)

軍の後方連絡線を守る戦闘機が皆無の状態のままで行われたことであった。これは、第3飛行集団の優先順位を示す事例の1つであった。イギリス空軍の爆撃機の戦力は、イギリス本国から展開してくる3個の飛行隊のうちの1つがシンガポールに到着したことで増強された。第53飛行隊の18機のハドソンは、15機が到着したものの3機はビルマまでしか進出できなかった。

　日本軍のシンガポールに対する攻撃は1月17日に激しさを増した。午前中に12機の九七式重爆撃機がシンガポールの市街地を爆撃し、これに続いて一式戦闘機に援護された27機の九七式重爆撃機がテンガ飛行場を攻撃した。美幌航空隊の24機の九六式爆撃機はセンバワン飛行場を爆撃した。これは、センバワン飛行場が受けた初めての攻撃であった。爆撃の精度は非常に高く、バッファローは3機が破壊されて3機が損傷し、ハドソンも3機が破壊されて3機が損傷した。飛行場の施設も大きく損壊し、現地労働者の逃亡を誘発したため、イギリス空軍の飛行場勤務員が全ての支援業務を引き受けることになった。日本海軍の爆撃機がセンバワンを攻撃していたとき、これを護衛していた8機の零戦はテンガを機銃掃射して3機のブレニムIVを損傷させた。オランダ軍の3機のバッファローが爆撃機を迎撃するために出撃し、これに第243飛行隊の全ての運用可能な戦闘機が続いた。オランダ軍の戦闘機のうちの1機が爆撃機からの応射により撃墜されたが、バッファローは数機の爆撃機の撃墜を記録した。

　午前中のうちに更なる日本陸軍航空隊の航空機が島に飛来した。飛行第60戦隊の九七式重爆撃機が極東軍司令部を爆撃した。これを護衛してきた一式戦闘機はセレターから飛び立った飛行艇を追撃し、2機のカタリナを撃墜したほか2機に損傷を負わせた。

　シンガポールへの空襲は18日の昼前に再開され、11機の零戦と2機の九

八式陸上偵察機に護衛された鹿屋航空隊の26機の一式陸上攻撃機が最初の攻撃を行った。第243飛行隊と第488飛行隊のバッファローが迎撃のために上昇し、零戦よりも高い位置を占めて優位性を確保したのは、この時が最初で最後であった。彼らは2機の零戦に対して正面から急降下攻撃を行い、1機のバッファローが大きな損傷を受けて着陸後に運用不能となった。この2時間後には一式戦闘機に護衛された九七式重爆撃機の編隊が連続攻撃を行い、九七式戦闘機と二式戦闘機も投入されてバッファローと交戦した。12機のバッファローが迎撃に向かったが、上昇中に日本軍から攻撃を受けて2機が撃墜され、5機が損傷を受けた。バッファローの戦力が減殺されたため、第232（臨時）飛行隊のハリケーンが一義的に島の防衛を担うことになったが、可動機は21機であった。生き残っていた5機のオランダ軍のバッファローはジャワへと撤退した。

　その翌日のシンガポールへの攻撃はなかった。それは、両軍とも地上戦闘を支援するために多くのソーティを充当したからであった。イギリス空軍の1機の偵察機がクアラルンプールの上空から多数の日本軍の戦闘機が駐機しているのを目撃し、9機のヴィルデビーストが夜間攻撃を実施したが、1機の輸送機に損害を与えたのみであった。

　1日の小休止をした日本軍は、1月20日にシンガポールへの大規模な航空攻撃をできるようになった。日本海軍航空隊は18機の零戦と2機の九八式陸上偵察機に護衛された26機の美幌航空隊の九六式陸上攻撃機と元山航空隊の18機を投入し、日本陸軍航空隊は飛行第64戦隊の一式戦闘機に護衛された飛行第12戦隊と飛行第60戦隊の九七式重爆撃機を投入した。この日にハリケーンが初陣を記録し、12機が迎撃に向かった。ほとんどのハリケー

この作戦において、日本陸軍航空隊は飛行第27戦隊と飛行第31戦隊に配備していた旧式の九七式軽爆撃機を依然として飛行させていた。この軽爆撃機は戦闘機の迎撃に対して非常に脆弱であり、整備性が高かったことを除けば推奨できる点はないも同然だった。これは日本陸軍航空隊が戦争に突入したときに保有していた大幅に時代遅れした航空機の典型であり、その主な例外が一式戦闘機であった。

(Philip Jarrett Collection)

ンのパイロットは初心者であったが、彼らは屈しなかった。ハリケーンは3機の一式戦闘機を撃墜し、3機が撃ち落とされた。ハリケーンは九七式重爆撃機の編隊への急襲に成功して数機を撃墜したと報告したが、実際に撃墜されたものはなかった。7機のバッファローも上空へと向かったが会敵はできなかった。イギリス空軍は日本軍の飛行場への攻撃を画策し続けた。日没後に第34飛行隊の7機のブレニムがクアラルンプールを攻撃して多くの航空機を打撃したが、1機が一式戦闘機により撃墜された。夜間に7機のヴィルデビーストもクアラルンプールの飛行場を攻撃した。第8飛行隊（オーストラリア空軍）の8機のハドソンがクアンタンを攻撃したが、戦果はなかった。

　日本海軍航空隊は1月21日にもシンガポールに現れた。9機の零戦に護衛された美幌航空隊の25機の九六式陸上攻撃機と鹿屋航空隊の27機の一式陸上攻撃機に対し、2機のハリケーンのみが美幌航空隊の爆撃機と会敵できた。ハリケーンは横並びの隊形で1機の九六式陸上攻撃機を叩き、爆撃機が搭載していた爆弾が爆発するのを目撃した。その付近にいた2機の爆撃機も爆発に巻き込まれたように見えたが、実際に失われた爆撃機は1機のみであった。この爆撃機の編隊はイギリス空軍の爆撃機が駐機しているテンガ飛行場を爆撃し、ハドソンとブレニムを2機ずつ破壊したほか1機のブレニムに損害を与えた。ハリケーンは、日本陸軍航空隊の大規模な攻撃部隊も迎撃し、第64戦隊の一式戦闘機と交戦して2機が失われ、1機が損傷を受けた。

　22日のシンガポールの上空では更に激しさを増した活動が続けられた。午前中の遅い時間帯に元山航空隊の25機の九六式陸上攻撃機と鹿屋航空隊の27機の一式陸上攻撃機、9機の零戦と2機の九八式陸上偵察機が攻撃目標に到達し、元山航空隊の爆撃機はカランを攻撃した。この攻撃により離陸しようとしていた4機のバッファローのうちの1機が破壊され、その爆発の破片により更に2機が破壊された。既に離陸していた少なくとも8機のハリケーンが九六式陸上攻撃機の編隊に急降下攻撃を行い、1機を撃墜した。また、爆撃機は帰投中に1機が洋上で墜落し、もう1機が地上に墜落した。援護機の零戦も強く反撃し、5機のハリケーンを撃墜したほか1機を損傷させたが、零戦も2機が失われた。鹿屋航空隊の一式陸上攻撃機はセンバワンを攻撃して15機の破壊を記録したが、実際に破壊されたのは2機のマー

ティンであり、そのほかに2機のマーティンと4機のハドソンが損害を受け
ていた。

　翌日もイギリス空軍の戦闘機は減耗し続けた。ハリケーンは連日の襲撃
に対応し、27機の九七式重爆撃機を護衛する一式戦闘機と格闘した。爆撃
機はセレターに爆弾を投下し、3機を破壊するとともに7機に損害を与えた。
一式戦闘機との格闘戦では3機のハリケーンが失われた。シンガポールに
ある4ヵ所の飛行場への容赦のない爆撃により、イギリス空軍は全ての残
存していたハドソンとブレニムをスマトラの基地へと引き上げざるを得な
かった。第243飛行隊と第488飛行隊は戦力が低下し、運用できる状態にあ
るバッファローは合計2機となった。1月24日に到着した輸送船団による少
しの増強はあったものの、パイロットは初心者ばかりであった。

　イギリス空軍の主要な任務の1つは日本軍の海上からの進攻部隊を十分
に攻撃することであり、1月26日にイギリス空軍は限られた能力の全てを
投入した大規模な海上攻撃を敢行した。日本軍の輸送船団は、エンダウか
ら北東へ20マイルのマレー南東部海岸にある小さな港にいるところを1月26
日の07:45に発見された。この船団は輸送艦のかんべら丸と關西丸を1隻の
軽巡洋艦と7隻の駆逐艦、そして5隻の大型の掃海艇で護衛したものだった。
これをイギリス軍は、日本軍のシンガポールに対する最終的な攻撃を支援
するための兵員または支援物資を運ぶために南下している船団とみていた。
事実、これらの輸送艦は日本陸軍航空隊の地上支援大隊を構成する部隊と
航空燃料、爆弾、そして物資を輸送していた。この船団のエンダウへの到
着を許すわけにはいかず、全力の投入が命じられたが、すぐに投入できる
攻撃機は12機のヴィルデビースト雷撃機とオーストラリア空軍の2個飛行
隊の9機のハドソンのみであった。第36飛行隊と第100飛行隊の搭乗員は、
低速の複葉機を昼間帯の作戦で飛ばすことはないと約束されていたが、捨
身の状況への認識が重厚に防御された目標に対して日中に出撃することを
彼らに強いることになった。最初の攻撃は前夜の作戦後の燃料給油と兵装
の搭載を終えられる午後の早い時間に計画された。

　6機のバッファローに護衛された12機のヴィルデビーストが、高度1,000
フィートを90ノットの速度で攻撃に向かった。ヴィルデビーストは爆弾を
搭載していた。これは、輸送船団が停泊している浅瀬では魚雷を使用でき
ないと考えられたためであった。古色蒼然としたヴィルデビーストの後方

には、6機のバッファローと9機のハリケーンに護衛された9機のハドソンがいた。日本軍はシンガポールの近傍へ上陸する輸送船団への攻撃を待ち受けており、飛行第1戦隊と飛行第11戦隊の18機の九七式戦闘機と第47独立中隊の1機の二式戦闘機の試作機が上空を防護していた。

攻撃に向かうヴィルデビーストは、まず飛行第11戦隊、次に飛行第1戦隊の九七式戦闘機に迎撃された。低速の複葉機と護衛戦闘機は、次から次へとドッグファイトで容赦なく攻撃された。日本軍は11機のヴィルデビーストを撃墜したほか、3機を撃墜した可能性があり、3機を墜落させたとした。これは戦果が誇張された事例の1つであるが、さほどの違いはなかった。これに対して九七式戦闘機は1機が撃墜され、もう1機が損傷を受けた。勇敢に攻撃を敢行したイギリス軍のパイロットは、かんべら丸に数発を命中させた。

第2波の攻撃部隊は第1波の後を追って直ぐに出撃した。この攻撃部隊は爆弾を搭載した9機のヴィルデビーストと3機のアルバコア、これらを護衛する7機のハリケーンと運用可能な最後の4機のバッファローで構成されていたが、戦闘機の離陸が遅れたために複葉機は身を隠す雲も護衛もないまま17:30頃に目標上空へと到達することになった。飛行第1戦隊の10機の九七式戦闘機と2機の二式戦闘機が迎撃し、再びイギリス空軍は大きな損失を被ったが輸送船団の損害は軽微であった。この日の最後の攻撃は、第62飛行隊の6機のハドソンが護衛なしで敢行した。ハドソンは低高度で攻撃し、九七式戦闘機に墜落させられて2機が失われた。

イギリス軍は、この究極的なイギリス空軍の努力は成功を収めたと評価した。勇敢な航空機搭乗員は2隻の輸送船に打撃を与え、13機もの日本軍の戦闘機の撃墜が記録されたが、この作戦は現実的には第36飛行隊と第100飛行隊の複葉機による自殺行為の突撃でしかなかった。全体として10機のヴィルデビースト、2機のアルバコア、2機のハドソンと1機のハリケーンが失われたことに加え、2機のヴィルデビーストが胴体着陸して使いものにならなくなった。2つのヴィルデビーストの飛行隊は両方の飛行隊長のほか30人の搭乗員を失い、8人が負傷して2人が捕虜にされた。この犠牲に対する成果は非常に小さかった。かんべら丸は数発を受けたものの生き残り、8人が死亡したのみであった。關西丸は、わずかな損傷を受けたのみであった。

シンガポールの陥落

　日本陸軍航空隊は、シンガポールへの最終攻撃態勢に入ったときには約170機を集結させていた。これらのうち30機の九七式重爆撃機がスンゲイパタニの近傍に、20機の九九式双発軽爆撃機がイポーに配備され、クアラルンプールとクルアンには20機の九九式襲撃機がおり、そして80機の戦闘機が展開していた（飛行第1戦隊と飛行第11戦隊の九七式戦闘機がクアンタン、飛行第64戦隊の一式戦闘機がイポー、飛行第59戦隊の一式戦闘機がクアラルンプール）。この時点までの戦闘機の損失は、九七式戦闘機が32機で一式戦闘機が23機と甚大であったが、敵からの攻撃で失われたものは60％に過ぎなかった。その多くは地上で破壊されたものであり、空中戦によるものではなかった。

　シンガポールでの航空作戦の最後の2週間は拍子抜けしたものであった。日本軍は陸軍航空隊と海軍航空隊の両方の部隊で島に所在するイギリス空軍の飛行場に圧力をかけ続けた。その一方でイギリス空軍の防空作戦は、ハリケーンの到着により戦力が増強されたものの徐々に弱体化し、最終週にはシンガポールに対する日々の日本軍の攻撃への迎撃を散発的に試みるのみとなった。シンガポールに対する空からの絶え間ない攻撃は、防御側

シンガポールには4カ所の飛行場があった。この写真はカランに対する日本軍の爆撃を撮影したものである。カラン飛行場は最も南に位置しており、島の守備隊の降伏前にイギリス空軍が最後に放棄した飛行場であった。
（Australian War Memorial）

の士気を低下させる根本的な要因となり、イギリス軍の守備隊の戦い続ける意志を深刻なまでに低下させた。これに加えて民間人の死亡者数が増加し続けたことが、この作戦は終わりに近づいているという感覚を助長させていた。

　1月27日に鹿屋航空隊はカランに痛烈な攻撃を浴びせて爆撃で2機のハリケーンを破壊し、3機に大きな損害を与えたほか、さらに3機に軽度の損傷を負わせた。ほとんど全ての第243飛行隊のバッファローが破壊されたり損傷を受けたりした。飛行場施設への損害も深刻であり、2機のブレニムも破壊された。この攻撃の後で第243飛行隊の最後の1機が第453飛行隊に編入され、第243飛行隊は編成を解除された。第21飛行隊（オーストラリア空軍）の生存者は船で本国へと送られ、1つのバッファローの飛行隊のみが島に残った。ハリケーンの戦力は、第232飛行隊と第258飛行隊の48機が空母インドミタブルからジャワ島のバタビアへ飛来したことで大きく増強され、その後にスマトラとシンガポールの基地へと送られた。これ以前に51機の梱包されたハリケーンが到着していたが、25機のみが運用可能または短期的な修理をしている状態で、17機が既に失われており、9機が長期的な修理をしているところであった。同じ日にセレターは18機の零戦に護衛された元山航空隊の26機の九六式陸上攻撃機による攻撃を受け、29日には1機の九八式陸上偵察機に攻撃された。センバワンを攻撃した日本陸軍航空隊の部隊は、ハリケーンとバッファローの一部による迎撃を受けた。

　ジョホールからシンガポールへイギリス軍の地上部隊が渡り終えたのは1月31日であった。それから4日で日本軍は海峡を封鎖し、イギリス軍の防衛部隊に対する砲撃を開始した。2月2日の02:00には日本軍の2個の大隊が海峡を渡って足場を確保した。計画されていたイギリス軍の反撃は実行さ

新しく到着したハリケーンは、日本軍に絶え間なく対応する中で急速に減耗した。これは第232飛行隊の隊長であるライト（Wright）大尉の機体である。彼は2月7日に九七式軽爆撃機と交戦した後に一式戦闘機と戦い、カランへの不時着を余儀なくされたが生還した。
（Andrew Thomas Collection）

2月4日と15日における日本海軍航空隊の連合国艦隊への攻撃 （→口絵頁参照）

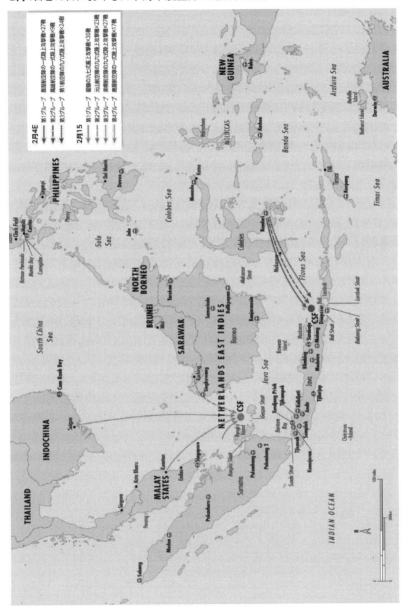

れなかった。10日にイギリス軍はシンガポールの市街地の外側にある最適な防御位置から撤退し、わずか数日のうちに最終的に崩壊した。パーシバルは2月15日に降伏を決めた。

日本軍は、差し迫っている海峡を渡っての攻撃を支援するため、毎日の爆撃によってシンガポールへの圧力を強めていった。一式戦闘機に護衛された日本陸軍航空隊の爆撃機が1月31日に島の上空に現れ、これを迎撃するために第258飛行隊の7機のハリケーンが出撃して第232臨時飛行隊の数機と合流した。第258飛行隊の最初の会敵では日本軍が優勢であった。ハリケーンは1機の一式戦闘機を撃墜し、数機の爆撃機に銃撃を浴びせたが、被った損害の方が大きかった。イギリス軍は1機を撃墜され、3機が墜落を余儀なくされたことで、実質的に敗北した。

2月1日における一式戦闘機に援護された九七式重爆撃機による空襲では、4機のバッファローが迎撃して2機が撃墜された。その後の2日間、日本軍の爆撃機は何ら対抗措置を受けることなく複数の攻撃目標を爆撃した。イギリス空軍は2月4日にクルアン飛行場に対する大規模な攻撃を計画し、テンガから出撃する第258飛行隊の12機のハリケーンが護衛することにしていたが、テンガの地上勤務員が戦闘機を時間までに準備できなかったために護衛は実行されなかった。爆撃機のブレニムはクルアン近傍の線路を爆撃するに終わり、ハドソンは飛行場に進出したが一式戦闘機によって1機が撃墜された。

2月5日にイギリス空軍はカランの方が好ましいとしてテンガから撤退した。日本軍は同日にカランを攻撃したが、戦闘機による対抗措置を受けることはなかった。イギリス空軍は飛行できる全機、すなわち9機のバッファローと4機のハドソン、そして13機のハリケーンをパレンバンに向かわせることで対応した。2月6日にパレンバンから出撃して島の上空を哨戒していたハリケーンが飛行第1戦隊の2機の九七式戦闘機を撃墜した。その翌日、空中哨戒していたハリケーンがシンガポールの上空で大規模な爆撃機の編隊と会敵し、2機が失われた。

日本軍がジョホール海峡を横断して攻撃を行った2月8日に、日本海軍航空隊はシンガポールから撤退している兵員を乗せた多くの船を集中攻撃した。これと並行して日本陸軍航空隊は、爆撃機の102ソーティと九七式戦闘機の75ソーティによる大規模な活動を行った。8機のハリケーンが空中

占領した基地から日本軍の航空機が作戦を遂行できる範囲（→口絵頁参照）

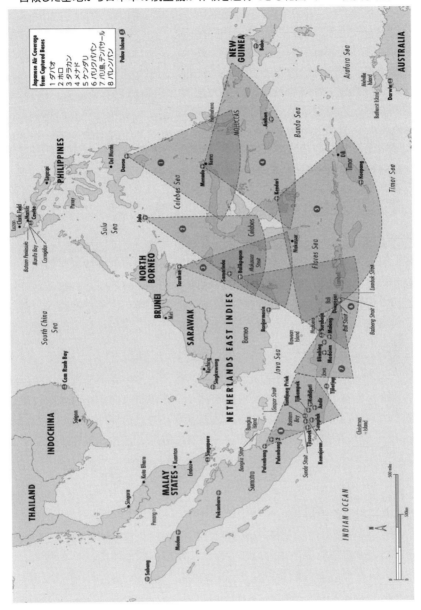

哨戒していたが、カランに爆弾を投下した爆撃機を捉えることはできなかった。午後には別の10機が空中哨戒し、一式戦闘機と交戦して3機が大きな損傷を受けた。

　2月9日に日本軍の地上部隊はシンガポールで戦力発揮する態勢を固め、日本陸軍航空隊は前線の上空へと連続的に出撃した。これらの一部をハリケーンが高度的な優位性を活かして攻撃し、数機を撃墜した。第232飛行隊はカランを中継基地として使用していたが、この基地は今や放棄を命じられた。10日の夜明けに8機のハリケーンがパレンバンへと飛び立ち、その翌日に飛行できるようになった3機も基地を離れた。マレーとシンガポールをめぐる航空戦は終了した。

オランダ領東インドをめぐる航空戦

　日本軍のオランダ領東インド占領作戦は、複合的かつ迅速に行われた作戦であった。限られた文量で可能な限りわかりやすくできるよう、この作戦は時系列を基準とするのではなく主要な進展の段階ごとに記述していく。最初の作戦（日本軍にとっての第1段階）の焦点はボルネオであり、第22航空戦隊が支援した。第2段階が開始されたのは12月26日であり、第21航空戦隊と第23航空戦隊が主導してオランダ領東インドの中央部と東部を攻撃した。日本軍は猛烈な速度で次々と占領して作戦を展開していったが、決して艦載機あるいは飛行場から発進する航空機が上空を援護できる範囲から外れることはなかった。シンガポールが陥落する前から日本陸軍航空隊はスマトラにある連合軍の航空基地を攻撃していた。この島の南端にある2つの主要な連合軍の航空基地は2月中旬に奪取され、日本陸軍航空隊が前進したことでジャワの西部にある連合軍の航空基地への対航空作戦を開始できるようになった。これと並行して日本海軍航空隊はジャワの東部にいた連合軍の航空戦力を無力化し、オーストラリアとジャワとの間の空輸による増援経路を遮断した。

　作戦の第3段階はジャワへの上陸であった。この作戦のあらゆる点において連合軍の飛行部隊は勇敢に、そして果敢に戦ったが、日本軍の予定をわずかに遅らせることしかできなかった。

オランダ海軍航空隊の航空機の主力はドイツ製のDo24Kであった。これは最高速度が時速210ノットの頑丈な飛行機であったが、武装が2丁の機関銃と1門の20ミリ機関砲のみであったため、戦闘機の攻撃から身を守ることはできなかった。この作戦の初期段階でオランダ軍はDo24Kを攻撃任務に投入し、甚大な損失に至るまで使い続けた。この作戦で生き残ったのは6機のみであった。　　　　（Netherlands Institute for Military History）

ボルネオ進攻

　12月16日にオランダ軍の飛行艇がイギリス領ボルネオのミリに上陸した日本軍を発見した。その翌日、オランダ軍は果敢に対応して数回の航空攻撃を行った。1機のDo24が日本の輸送船を爆撃したが命中せず、神川丸の零式観測機に撃墜された。6機のマーティンが続いたが、悪天候のために爆撃は失敗に終わった。同じ零式観測機が1機の撃墜を記録したが、全機とも逃げ延びた。次に2機のDo24が攻撃して1機が輸送船に損害を与え、もう1機が駆逐艦の東雲を撃沈した。東雲は、この飛行艇GVT-7のX-32が投下した5発の爆弾のうち3発の直撃と1発の至近弾を受けて船尾の弾薬庫が爆発し、乗員221名の全員と共に数分のうちに沈没した。これは、この作戦におけるオランダ海軍航空隊の最大の戦果であった。オランダ軍はオランダ領東インドでの作戦全般において日本軍の進攻へ即座に対応したが、その進攻を止める、あるいは大きく遅らせることは全くできなかった。これには主に2つの理由がある。日本軍の水陸両用作戦のドクトリンは夜間上陸を提唱しており、翌朝にオランダ軍の航空機が姿を現した時には部隊が既に上陸を果たしていたことや、オランダ軍の地上戦力が脆弱であったことが常に日本軍の上陸を成功させることになった。第2の理由は、上陸した進攻部隊に対する航空攻撃が五月雨的に行われ、そしてオランダ領東インド陸軍航空隊は洋上の目標に対する攻撃能力を持ち合わせていないと

これはクチンに停泊している日本軍の船団を12月26日に攻撃しに向かうオランダ軍のグレン・マーティン爆撃機の写真である。3機の爆撃機は敵戦闘機による迎撃を受けることなく、この時には正確に爆撃を行い日本軍の1隻の輸送船と1隻の掃海艇を撃沈した。これは、この作戦において最大の戦果を収めたオランダ軍の航空攻撃であった。

（Netherlands Institute for Military History）

いうことを実証したためであった。

　日本軍は、ボルネオにある連合軍の施設に対する作戦を拡大した。12月18日に美幌航空隊の26機の九六式陸上攻撃機がクチン沖の船団を攻撃し、1隻の撃沈を記録した。その翌日にクチンの市街地は元山航空隊の18機の九六式陸上攻撃機による攻撃を受けた。美幌航空隊の9機の九六式陸上攻撃機はボルネオ西部にあるポンチャナック飛行場を攻撃し、オランダ軍の3機のバッファローによる迎撃を受けて1機がサイゴンへの帰投中に海へ墜落した。12月19日にもシンカワンとサマリンダの基地から6機のマーティンが出撃し、ミリ沖の日本軍の船団を追撃した。この攻撃は悪天候のために成功せず、1機が神川丸の零式観測機に撃墜された。

　オランダ軍は12月20日にもミリ沖の日本軍の船団に対する新たな攻撃を敢行した。6機のマーティンを2機のバッファローが護衛して零式観測機に対応し、1機の零式観測機の撃墜を記録したが、実際は損傷を与えたのみであった。この攻撃でも爆撃機は戦果をあげられなかった。反撃として鹿屋航空隊の26機の一式陸上攻撃機がシンカワン飛行場を含むボルネオ西部の目標を攻撃した。12月22日に日本軍は15機の零戦と1機の九八式陸上偵察機をミリに展開し、美幌航空隊の9機の九六式陸上攻撃機と合流させた。美幌航空隊の24機の九六式陸上攻撃機はシンカワン飛行場を爆撃し、出撃準備が完了していた2機のマーティンを破壊した。

　12月23日にオランダ軍は重厚な護衛を受けながらミリからクチンに向かっている6隻の輸送船団を発見した。この船団はミリから出撃した零戦と神川丸の零式観測機に護衛されていた。零式観測機は追跡してくるオランダ軍のDo24と交戦して1機に損傷を負わせたが、自機も大きな損害を受け、

着水を果たしたものの海没した。第34飛行隊の5機のブレニムⅣと第8飛行隊（オーストラリア空軍）の3機のハドソンが輸送船団を攻撃したが、戦果は得られなかった。輸送船団は航空機と潜水艦による攻撃をかわしてサラワクに部隊を上陸させ、サラワクは戦うことなく陥落した。

　その翌日、6機の零戦に護衛された鹿屋航空隊の18機の一式陸上攻撃機と美幌航空隊の7機の九六式陸上攻撃機が、シンカワンを無力化するための大規模な攻撃を敢行した。悪天候により爆撃はできなかったものの、零戦が機銃掃射して1機のマーティンを破壊した。2日後にはボルネオの北東にあるタラカンが初めての攻撃に晒された。美幌航空隊の7機の九六式陸上攻撃機が飛行場を爆撃し、駐機していた1機の撃破を記録した。オランダ軍はマーティン爆撃機でクチン沖の輸送船団に反撃し、何の支障もなく目標に到達して1隻の補助輸送艦と620トンの掃海艇W-6を撃沈した。

オランダ領東インド中央部での攻勢

　日本軍の部隊は12月20日にミンダナオ島のダバオに上陸し、ここをオランダ領東インドの中央部に進撃するための拠点とした。日本海軍航空隊は第21航空戦隊の鹿屋航空隊と第1航空隊、そして第23航空戦隊の第3航空隊を投入した。

　ダバオは進出拠点として重要であった。オランダ軍は日本軍がダバオを使用できないようにするため12月23日に6機のDo24で攻撃し、1隻のタンカー（油槽船）を撃沈した。1機のDo24が零式観測機に不持着水を強いられたが、別の飛行艇が着水して搭乗員を救出した。

　日本軍は12月25日にスールー諸島のホロを占拠し、即座に第3航空隊を島内の飛行場に展開させた。その翌朝、1機の九八式陸上偵察機に先導された6機の零戦がセレベス島の北東部にあるメナド上空を掃討し、近傍の湖上にダバオへの攻撃から帰投した4機のDo24がいるのを発見して機銃掃射により全機を破壊した。

　オランダ海軍航空隊の飛行艇の戦力は、アメリカ海軍の第10哨戒航空団がフィリピンからジャワに展開したことで増強された。新しく到着したカタリナに付与された最初の任務はホロにいる日本軍の船団に対する攻撃であり、12月27日に実施された。カタリナは動きが鈍く、洋上攻撃は敵戦闘機がいない場合にのみ可能であったが、その前日に台南航空隊の零戦がホ

開戦時にオランダ海軍航空隊はDo24Kをアメリカ製のカタリナへ換装している途中であった。この作戦においてオランダ軍はDo24Kを補完するためにカタリナを運用したが、カタリナも攻撃任務に際しては損失が甚大であった。オランダ海軍航空隊の飛行艇は、その主たる任務である洋上パトロールでは全般的に良好な性能を発揮し、大規模な日本軍の進攻に関して事前に警報を発していた。
(Netherlands Institute of Military History)

ロへの展開を済ませていた。零戦は6機のカタリナを手厚く歓迎し、4機を撃墜した。零戦に損失はなかった。

　その翌日、1機の九八式陸上偵察機に先導されて7機の零戦がダバオを出撃し、タラカンを攻撃した。彼らはオランダ軍のバッファローに迎撃されて1機の零戦が損傷したものの、手早く3機のバッファローを撃墜し、もう1機を墜落させた。第3航空隊の零戦に続いたのは、ミリから出撃した4機の零戦に護衛された美幌航空隊の7機の九六式陸上攻撃機であった。オランダ軍の3機のマーティンがミリの日本軍の飛行場を攻撃しようとしたが、これを5機の零戦が迎撃し、その後の追撃で1機を撃墜したほか1機を海に墜落させた。唯一の生き残った爆撃機には、300発以上の弾痕が開けられていた。

　12月下旬にアメリカ陸軍航空隊の爆撃機がジャワに到着し、オランダ軍は待ち望んでいた増援を得た。これらの長距離爆撃機は洋上目標に対する精密な攻撃ができるとみられており、大きな期待が寄せられていた。B-17による最初の攻撃はダバオにいる船団に対するものであり、1月4日に8機を投入して行われた。この攻撃でB-17は重巡洋艦の妙高に損害を与え、その過大な前評判に応えた。

　日本海軍航空隊は1月6日にオランダ領東インドに対する作戦を拡大し、鹿屋航空隊の24機の一式陸上攻撃機と6機の九七式飛行艇がダバオから出撃してアンボン島を攻撃した。3機の九七式飛行艇と14機の一式陸上攻撃機のみが攻撃目標である飛行場を視認して奇襲することに成功したが、与えた損害はわずかであった。

　アメリカ海軍のカタリナが1月10日に大規模な船団を発見した。これは

ダバオからタラカンに向かっている14隻の輸送船を重厚に護衛した船団であった。この船団を3機のB-17と3機のオランダ軍のマーティンが攻撃したが戦果はなく、山陽丸の零式観測機に1機のマーティンが撃墜された。

　日本軍の進撃速度は1月11日に加速した。日本軍の部隊がタラカンに上陸し、その翌日には早くも防御側が降伏した。沖合にいる日本軍の上陸部隊は、連合軍の空からの攻撃に備えていた。ボルネオの東部沿岸の中央部にあるサラミンダ（訳者注：サマリンダ）飛行場では、オランダ軍のマーティンに2個飛行隊が増強されていたが、これらの航空機は悪天候のため午後まで飛行できなかった。ようやく離陸すると、これらはタラカン沖の進攻部隊を攻撃して数発の命中を記録したが、2機のマーティンが胴体着陸して運用不能となった。ケンダリから出撃した米陸軍航空隊の7機のB-17のうち3機が攻撃目標に到達できたが、迎撃してきた零戦との戦いで1機が墜落した。大型爆撃機が爆弾を投下するには天候が悪すぎた。

　もう1つの日本軍の進行部隊が1月11日にセレベス島の北東端にあるメナドに上陸した。この進攻を援護していた水上機母艦の千歳と瑞穂から出撃した零式観測機は、攻撃してきた7機のカタリナ（オランダ軍の3機とアメリカ海軍の4機）と激しく戦い、2機（オランダ軍とアメリカ海軍の各1機）を撃墜するとともに、オランダ軍の2機に損傷を負わせた。アンボンから出撃したオーストラリア空軍の4機のハドソンも迎撃されたが1機の水上機を撃墜し、大きな損害を与えた2機の水上機は着水後に海没した。このハドソンは3隻への命中を記録したが、1発が至近弾となったのみであった。海からの進攻は空挺部隊の降下によって増強された。第1航空隊の28機の九六式陸上攻撃機から324人の落下傘兵が飛行場に降下して素早く占領し、その翌日には第3航空隊の10機の零戦と1機の九八式陸上偵察機が占領した飛行場に展開した。これらの戦闘機は、1月12日にアンボンから出撃してメナド沖の船団を攻撃しにきたオーストラリア空軍のハドソンを撃退した。7機の零戦が最初の編隊である5機のハドソンを迎撃し、即座に4機を撃墜した。もう1つの編隊の3機は支障なく爆弾を投下したが、戦果はなかった。

　オランダ軍は1月13日にタラカン沖の船団に対して大規模な攻撃を行ない、サマリンダから5個編隊のマーティンを出撃させた。これらの護衛機なしの爆撃機はテニアン航空隊（訳者注：台南航空隊）の零戦と遭遇し、簡単に7機もの数が撃墜された。

この作戦に投入された日本軍の航空機のうち、九七式司令部偵察機も忘れられた航空機であった。その同型機は日本海軍航空隊の九八式陸上偵察機として知られており、この写真に収められている。この航空機は開戦前の時点で時代遅れになっており、速度の不足により戦闘機の迎撃を回避することができなかった。日本海軍航空隊の九八式陸上偵察機は、長距離の洋上任務を行う零戦の誘導や、搭載カメラを使用して爆撃の戦果確認機をする航空機として重要な役割を果たし続けていた。　　　(Philip Jarrett Collection)

　日本軍は1月15日に再びアンボン飛行場の無力化を試みた。第3航空隊の18機の零戦が1機の九八式陸上偵察機とともに飛行場を機銃掃射で攻撃するために出撃した。オランダ軍の2機のバッファローが緊急発進したが、両機とも即座に撃墜された。この零戦に鹿屋航空隊の26機の一式陸上攻撃機が続き、飛行場を精密に爆撃した。アンボンにいた7機の運用可能なハドソンは空中にいたので破壊されるを免れたが、近傍の水上機の基地にいた2機の米海軍のカタリナが機銃掃射により破壊された。翌朝に1機の九八式陸上偵察機に誘導された4機の零戦が再び現れ、地上にいた1機の飛行艇の破壊を記録した。もう1機の米海軍の対潜哨戒機は空中で零戦と戦い、胴体部の射手が零戦に機銃を命中させて機体から火を吹かせたと報告した。
　次の2回の攻撃は米陸軍航空隊の爆撃機が実施した。1月17日に3機のLB-30と2機のB-17がジャワから出撃し、ケンダリを中継地としてメナドを攻撃した。この午前中の攻撃は第3航空隊の多数の零戦によって迎撃され、2機のB-17が損害を受けたもののケンダリに帰投した。日本軍はケンダリに着陸した爆撃機を攻撃するために3機の零戦を向かわせ、1機は逃したものの、もう1機に大きな損害を与えて再び飛ぶことができないようにした。

LB-30も零戦に手荒く扱われ、2機が墜落を強いられた。次の攻撃は1月19日に行われ、9機のB-17がホロの近傍にいる船団を攻撃しようとしたが、天候の影響により実際に攻撃できたのは6機のみであった。アメリカ軍は2隻に爆弾を命中させたとしたが、いつものように爆弾は外れていた。

　1月20日には台南航空隊の4機の零戦が1機の九八式陸上偵察機に誘導されてボルネオ島の南部にあるバンジェルマシンを初めて攻撃し、水上にいたオランダ軍のカタリナの1機を炎上させた。これは日本軍の次の大規模な動きの前兆であった。バリクパパンに向かう日本軍の大規模な進攻艦隊が1月21日にマカッサル海峡で発見され、これを23日の午後に2機のマーティンと小型爆弾を搭載した20機のバッファローが攻撃した。4隻の輸送船に爆弾が命中し、1隻が炎上して沈没した。バッファローは1機が失われた。日本軍は24日の未明にバリクパパンへ上陸し、連合軍は夜明けに大規模な攻撃を敢行した。9機のマーティン、6機のB-17Eと2機のB-17Dが攻撃に投入され、これらの爆撃機は数隻の輸送船に爆弾を命中させたとしたが、マーティンによって南阿丸が沈められたのみであった。台南航空隊の零戦が粘り強くB-17を攻撃して3機の撃墜を記録したが、実際は3機が軽微な損傷を受けたのみでジャワへの帰投を果たしていた。日本軍のバリクパパン

への上陸により迂回された形になったサマリンダ飛行場の上空でも大規模な活動が行われた。午前中に1機の零戦が対空砲火で撃墜され、午後に再び現れた6機の零戦をバッファローが迎撃して1機を撃墜したが、これと引き換えに2機のバッファローが撃墜された。3機のマーティンの1個編隊が帰投してきたが、零戦からの攻撃を受けて全機とも破壊された。

　24日に日本軍は別の大規模な進攻を行い、6隻の輸送船を厳重に防護した日本軍の進攻部隊が

この作戦で米陸軍航空隊が主用した重爆撃機はB-17Eであった。これはB-17の最新型であり、1941年9月から部隊に配備され始めた。B-17Eは10丁の0.5インチ機関銃で重装備しており、編隊飛行時に軽武装の日本軍の戦闘機が対処することは非常に困難であった。この写真には第1942年3月にジャワで日本軍に捕獲されたB-17Eと飛行第64戦隊のパイロットが収められている。

(Andrew Thomas Collection)

ケンダリに海軍の陸戦隊を上陸させた。この進攻は水上機母艦の千歳と瑞穂によって守られていたが、連合軍による空からの反撃は皆無であった。これは本作戦における最も重要な局面をもたらした。日本軍がオランダ領東インドにおける最大規模の飛行場の1つであるケンダリを無傷のまま手に入れたことで、オーストラリアからジャワに増援するための重要な空輸経路の結節となるジャワ東部とティモール島が日本軍の航空攻撃の範囲内に置かれることになった。この場所を奪取するために日本軍は迅速に動いたのであった。第21航空戦隊の35機の零戦を擁する第3航空隊と爆撃機の部隊である第1航空隊がケンダリに展開した。1月27日には第23航空戦隊がバリクパパンへの展開を開始したが、そこが九六式陸上攻撃機の大規模な展開に適していないことがわかるとケンダリに移動した。テニアン航空隊（訳者注：台南航空隊）の零戦はバリクパパンからの出撃を継続した。

　バリクパパンを喪失したオランダ軍は、攻撃を受けやすい爆撃機をサマリンダから撤退させることにした。1月25日に出撃可能な10機のマーティンがバリクパパンにいる船団の攻撃に向かい、その後にジャワへと飛行した。これらの爆撃機は天候の影響により編隊飛行することができず、攻撃目標に到達する前に零戦からの攻撃を受けた。1機の爆撃機が撃墜され、さらに3機が緊急着陸を強いられたが、5機が攻撃を受けながらもマカッサルに到達した。零戦は1機が爆撃機からの応射で撃墜された。これと同じ日に7機のB-17の編隊がバリクパパンに帰投し、これらを攻撃した零戦は戦果なしとしたが、実際は5機が損傷を受けていた。この5機のうちジャワに戻ったのは3機のみであった。B-17は応射して2機の零戦を撃墜した。

　1月21日から24日にかけて日本軍の爆撃機はアンボンに圧力を加え続けた。最終的な攻撃は、オランダ領東インドに初めて姿を現した機動部隊が1月24日に行った。2隻の空母の蒼龍と飛龍で構成された第2航空戦隊が前日にアンボンへの攻撃を敢行したが、天候不良により途中で中止されていた。24日に各空母から27機（水平爆撃機の九七式艦上攻撃機が9機、急降下爆撃機の九九式艦上爆撃機が9機、零戦が9機）が出撃し、港湾と飛行場の施設を激しく攻撃した。日本軍の航空機に損失はなく、連合軍は飛行場を放棄して前線着陸場としてのみ使用することを余儀なくされた。

　この間に日本軍の偵察機がティモール島で動きがあることを確認した。

オランダ領東インドにおけるオランダ軍の飛行場と日本軍が進撃した経路
（→口絵頁参照）

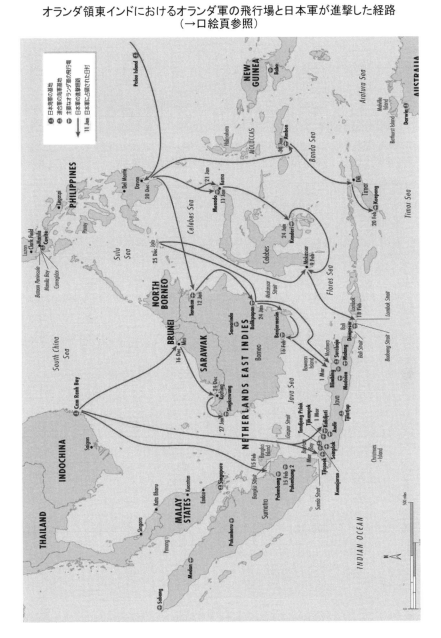

◎B-17の活動

米陸軍航空隊は、この作戦を通じて重爆撃機のB-17を日本軍の洋上目標を攻撃するために運用した。B-17による攻撃は高高度から行われたため成功することは滅多になかったが、成功の一例となったのが2月19日のジャワ島の東側のバリに上陸した日本軍の船団に対する攻撃であった。ここはオーストラリアから増援を送る空輸経路の重要な結節となるところであり、守られねばならなかった。日本軍の船団は笹子丸と相模丸の2隻の輸送船と、これを護衛する第8駆逐隊の朝潮型駆逐艦で構成されていた。いつものように、日本軍の動きに対する連合軍の反応は遅かった。日本軍の船団は19日の深夜零時過ぎにサヌール沖の泊地に到着し、上陸作戦を開始した。日本軍が予期していた空からの攻撃は、夜が明けてから開始された。最初の攻撃を行ったのは第19爆撃飛行群の3機のB-17Eであり、それぞれ単機で攻撃目標の上空に到達した。1機目の攻撃は07:00過ぎに行われ、2回目の攻撃で1隻の巡洋艦とみられた目標への命中を記録したが、実際のところ大型艦の朝潮型駆逐艦に損害はなかった。この絵にあるのは07:45頃に到着した2機目のB-17Eである。この爆撃機は船団に対して何度かの爆撃を試みたが、今や目標が雲に隠されてしまっていた。上空で船団を護衛していた台南航空隊の4機の零戦は、単独飛行していたB-17Eに何度も攻撃を仕掛けた。アメリカ軍は2機の零戦の撃墜を記録したが、失われた零戦はなかった。このB-17は爆撃を中断せざるを得ず、機体の上部にある砲塔が正常に機能しなくなった後で爆弾を海に投棄した。10分後には3機目のB-17Eが攻撃を行い、駆逐艦を爆撃したが爆弾は命中しなかった。その後も午前中を通じて重爆撃機は対抗してくる零戦に攻撃を加えたが、戦果はなかった。この日の後半に第19爆撃飛行隊の2機のA-24が敵戦闘機を避けて相模丸を爆撃し、一時的に動けなくしたものの、その後に相模丸は1基のプロペラで航行できるようになった。連合軍は進攻船団に対する攻撃を継続し、2月19日から20日にかけて海軍が夜間攻撃を行ったが、この攻撃は船団を護衛していた数に勝る日本軍の駆逐艦によって撃退された。

26日の朝、第3航空隊の6機の零戦が1機の九八式陸上偵察機の誘導をうけてクーパンにある基地を機銃掃射し、オランダの2機の民間機と米陸軍航空隊の1機のP-40Eを撃破した。P-40Eは、前日に基地を中継地として移動した第17追撃飛行隊が残置していた機体であった。

　1月27日には2機のB-17Eがバリクパパン沖で特設水上機母艦の讃岐丸を損傷させるという希少な戦果を収めた。これを迎撃した零戦は大型爆撃機に損害を与えることができなかった。これと引き換えに6機の零戦がバンジェルマシンを攻撃し、駐機していた多数の航空機に大きな損害を与えた。マーティンは合計7機が破壊されたほか2機が損傷し、ここへ2日前に着陸せざるを得なかった1機のB-17Eも破壊された。その翌日に零戦はサマリンダにいた2機のバッファローを撃破した。この飛行場は、運用できるバッファローが1機を残すのみとなり、放棄された。

　1月29日に5機のB-17が日本軍の船団を攻撃するためバリクパパンへ帰投した。4機の爆撃機が13機の零戦から30分に渡る集中攻撃を受けて損傷し、日本軍の船舶に爆弾は命中しなかった。この翌日、さらに6機のB-17Eがバリクパパンに帰投した。B-17Eは1機が損傷したが、またも日本軍に損害はなかった。

　連合軍の状況は暗くなるばかりであった。日本軍の部隊は、連合軍の空あるいは海からの反撃を受けることなく、1月30日にアンボンへ上陸した。日本軍はさらに部隊を前進させ、第1航空隊の22機の九六式陸上攻撃機をメナドに、鹿屋航空隊の7機の一式陸上攻撃機をケンダリに展開させた。ジャワ島の北方にある連合軍が運用可能な飛行場は、ボルネオ島の南部のパンジェルマシンとセレベス島のマカッサルが残されているのみであった。

スマトラをめぐる戦い

　イギリス空軍は1月18日に第225（爆撃機）飛行群をスマトラ島で設立した。これはシンガポールから移動してくる爆撃機とインドから展開してくる新たな3個の飛行隊で編成された飛行群だった。1月下旬の時点で、この飛行群には4個飛行隊の合計39機のハドソンと、5個飛行隊の合計28機のブレニムⅣが配備されていた。ハリケーンを運用する第232飛行隊と第258飛行隊は、シンガポールから立ち去り両飛行隊で第226（戦闘機）飛行群を編成した。スマトラには数ヵ所の飛行場があったが、最も重要な2つの飛

行場は島の南部に位置しており、パレンバン市の近傍にあった。パレンバン1（P1）は主要な民間空港であり、パレンバンから約5マイルのところにあった。また、パレンバン2（P2）は20マイルほど南にある飛行場で、日本軍に存在を知られていなかった。この地域には2つの大規模な製油所と広大な油田もあったため、日本軍が最優先する目標となっていた。連合軍の問題は、パレンバンが水上からの攻撃に対して脆弱なことであった。パレンバンは十分に内陸部にありながらも、外洋航行船舶が航行できるムシ川に接していた。

　日本軍はパレンバンを占領するために25隻の輸送船を強力に護衛した大規模な進攻部隊を準備しており、護衛には龍驤も含まれていた。この軽空母には12機の九六式艦上戦闘機と15機の九七式艦上攻撃機が搭載されていた。進攻部隊は2月10日にインドシナのカムラン湾を出発した。連合軍の地上部隊によるパレンバンの防御は非常に脆弱であったため、連合軍にとっての唯一の希望は航空攻撃あるいは海上攻撃によって進攻を撃退することであった。

　日本陸軍航空隊は進攻に先立ち航空優勢を獲得するため、短期集中の対航空作戦を計画した。日本軍はパレンバンへの航空機の集結を察知すると攻撃計画を策定し、2月6日に飛行第64戦隊の18機の一式戦闘機と飛行第59戦隊の14機の一式戦闘機に護衛された飛行第75戦隊と飛行第90戦隊の合計23機の九九式双発軽爆撃機でP1に対する最初の攻撃を敢行した。九九式双発軽爆撃機は天候に起因して戦闘機と合流できないまま押し進んだ。レーダー警戒網はなく、防空監視隊の要員が最初の警報を発したものの、ほんの数分しかハリケーンが対応する時間はなかった。このためにハリケーンは迎撃するための十分な高度を得ることができず、離陸中に敵機に捕捉されたものもあった。4機のハリケーンが失われたが、パイロットは3名が飛行場に生還した。

　その翌日、日本軍は31機の一式戦闘機に護衛された6機の爆撃機で再度の攻撃を行い、前日と同じ状況が繰り返された。イギリス空軍の戦闘機には時間的余裕が僅かしかない警報が発せられ、離陸した新米パイロットは一式戦闘機に手荒く扱われた。3機のハリケーンが失われたが、その後に2名のパイロットは飛行場に生還した。飛行場には、分散配置用の施設がなく、過密状態にあると自ら大惨事を招くことになるという警告があったに

もかかわらず、多数の航空機が駐機していた。日本軍は爆撃で6機のブレニムと3機のハリケーンを破壊し、11機のハリケーンと1機のバッファロー、そして1機のハドソンに損害を与えた。このほか、ちょうど日本軍が到着した時に着陸しようとしていた1機のブレニムが撃墜された。防御側にとっての唯一の吉報は、滑走路の被害がなく支援施設への損害が軽微なことであった。日本軍は一式戦闘機と爆撃機の各1機を失ったと記録している。

　この攻撃の後、ようやくP1飛行場とP2飛行場は幾つかの対空機関銃を受領したが、その弾薬は到着していなかった。P1には8丁の3.7インチ機関銃と6門の40ミリのボフォースが、P2には4丁の3.7インチ機関銃と4門の40ミリのボフォースが届けられた。飛行場を守る地上部隊の兵員は、いないも同然の状態のままであった。

　日本軍は3日連続で2月8日にも25機の一式戦闘機と17機の爆撃機で攻撃を行った。日本軍が到着した時に哨戒していた2機のハリケーンは、両機とも撃墜された。その後に数日を空けた2月13日、日本軍は29機の一式戦闘機と7機の九九式双発軽爆撃機で再び攻撃した。P1が再び攻撃目標とされたが、この時は防空監視隊が数多くの警報を発したので迎撃することができた。イギリス軍は3機の戦闘機と2機の爆撃機の撃墜を記録し、実際に日本軍は2機の戦闘機と1機の爆撃機を失っていた。ハリケーンの喪失は1機のみであった。

　連合軍は日本軍の船団がパレンバンを目指して進んでいることを十分に認識していた。バンカ海峡の戦いは、P2から出撃した15機のブレニムを第232飛行隊と第258飛行隊の運用可能機の全機となる合計15機のハリケーンがP1から出撃して護衛する大規模な航空攻撃で、2月14日に開始された。

　攻撃部隊の本体に先行したのはオーストラリア空軍の第8飛行隊の5機のハドソンであった。このうち3機のみが攻撃を実施したが、戦果はなかった。次に、オーストラリア空軍の第1飛行隊の6機のハドソンが攻撃したが、輸送船の上空にいた零戦の迎撃を受けて1機が撃墜され、1機がP1に胴体着陸して更に1機を大きく損傷させた。これらのハドソンの搭乗員は3隻の輸送船に爆弾を命中させたとした。さらに5機のハドソンが続き、これも零戦からの攻撃を受けて1機が撃墜されたが、別のハドソンの搭乗員が1隻の輸送船への1発の命中を記録した。第62飛行隊の3機の爆撃機は、全機

が攻撃を開始する前に撃墜された。

　攻撃部隊の本隊による攻撃は、各機の合流に問題があり、また悪天候のために散逸的となった。第211飛行隊のブレニムは攻撃を行い数発の命中を記録した。第84飛行隊のブレニムの1機は龍驤に対して攻撃したと報告していたが、爆弾は1発も命中していなかった。

　P1から出撃したハリケーンは、この戦争の全体において日本陸軍航空隊が実施した最も大胆な作戦の1つである大規模な空挺作戦の真最中に帰投してきた。日本軍は41機の輸送機で第2空挺旅団の270名の落下傘兵を降下させ、さらに9機の九七式重爆撃機で支援物資を投下した。この空挺降下に先立ち、飛行第98戦隊の19機の九七式重爆撃機が対人爆弾で飛行場に大打撃を与え、作戦全体は飛行第59戦隊と飛行第64戦隊の運用可能な一式戦闘機の全機によって援護されていた。飛行第90戦隊の13機の九九式双発軽爆撃機も防御を弱体化させるために投入された。ハリケーンは、文字ど

相良丸は、この作戦で日本海軍が運用した4隻の特設水上機母艦のうちの1隻であった。特設水上機母艦の船足は早くはなく、武装も十分とは言えず、この作戦に投入された2隻の水上機母艦よりも搭載できる水上機の数は少なかったが、これらの艦船は非常に有用であることを証明した。相良丸は、まずシンゴラとパタニへの進攻に参加した。相良丸は神川丸とともに1942年2月のパレンバンへの進攻を援護し、この間に搭載機の零式観測機がオーストラリア空軍のハリケーンと交戦して1機が失われた。
（Naval History and Heritage Command）

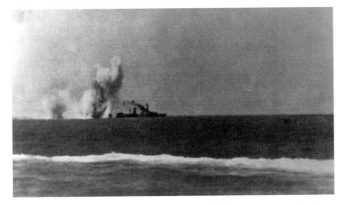

2月15日の連合国艦隊は日本軍の爆撃機による連続攻撃下にあった。連合国艦隊は航空機の援護を受けられず、ほぼ終日にわたり日本軍の艦載機と陸上発進の航空機による水平爆撃に晒された。この写真はオランダ軍の巡洋艦のジャワが攻撃を受けているところである。爆弾が命中した艦船はなかったが、連合国艦隊はパレンバンに向かう日本軍の進攻部隊を攻撃するという任務を中止せざるを得ず、これがスマトラ島の喪失へとつながった。

(Netherlands Institute for Military History)

おり空挺降下の最中にP1へ戻ってきたのであった。数機のハリケーンが地上に降下した落下傘兵を機銃掃射し、そこ彼処にいる日本軍の航空機と数機が交戦した。少なくとも4機のハリケーンがP1に着陸したままとなり、そして何機かは指示を受けてP2へと向かった。この大乱闘の最中に、増強の4機のハリケーンがバタビアから到着した。

　空挺降下に衝撃を受けたイギリス軍は、即座に市街地とP1からの退避を命じたが、これは最大限に錯綜した状況下で開始された。日本軍の落下傘兵は近傍の製油所を占領したものの、これはオランダ軍とイギリス軍によって撃退されていた。主力部隊が地上へ降下してから2時間後、さらに12機の輸送機が90名以上の落下傘兵とともに現れ、午後には第3波が飛来した。

　2月14日における日本軍の進攻を妨げるための航空攻撃が失敗に終わったことで、その夜に輸送船団を到着させた日本軍は、小型船とはしけ船の一群で部隊をパレンバンに通じるムシ川と2つの小さな川に送り出した。イギリス空軍は、15日の06:30から死に物狂いの連続攻撃を開始した。第1波の攻撃を実施したのは、3機のハドソンと3機のブレニムであった。（護

衛機の6機のハリケーンは霧のために合流できなかった。) これらの爆撃機は霧の中で巧妙に日本軍の戦闘機を避け、2機のハドソンがバンカ島の沖合の船を攻撃し、3機のブレニムが川にいた上陸部隊のはしけ船を機銃掃射した。この最初の攻撃に更に3機のハドソンと3機のブレニムが続き、1隻の輸送船と川にいた複数の機関銃を装備したはしけ船への爆弾の命中を記録した。

　次に攻撃を行ったのはジャワから出撃した米陸軍航空隊の5機のB-17Eであった。彼らは雲上から爆弾を投下し、1発も命中しなかった。P1から出撃したハリケーンによるはしけ船への機銃掃射が概ね09:00頃に開始され、その日の午後に飛行場の放棄が命じられるまで続けられた。次に第84飛行隊の9機のブレニムが攻撃を行い、既に損傷を受けていた輸送船に爆弾を命中させた。これに続いたのが10機のハリケーンに護衛された第211飛行隊の6機のブレニムによる攻撃であった。これらの爆撃機は損傷している同じ輸送船に爆弾を命中させてから（その後に小型船の伊奈波山丸は沈没）、上陸中のはしけ船を銃撃した。イギリス空軍の第5波の攻撃は、第84飛行隊と第211飛行隊の6機のブレニムによって敢行された。彼らは1隻の輸送船に損害を与えたとしており、その後に攻撃目標に対する機銃掃射を銃弾が尽きるまで継続した。最後の攻撃は14:00頃に2機のハドソンが行い、1隻の輸送船への爆弾の命中を記録した。これを第232飛行隊の8機のハリケーンが掩護し、このうちの4機がさらに機銃掃射による攻撃を行った。

　進攻部隊を守ろうとする日本軍の試みは大部分において効果がなかったが、実際に失われたのは1隻の小型輸送船のみであった。この日のうちに日本陸軍航空隊は飛行第11戦隊の8機の九七式戦闘機をP1に向かわせたが、このうちの2機はハリケーンとの戦闘で墜落を余儀なくされた。相良丸の零式観測機も輸送船団を守ろうとしたが、川を遡上する進攻部隊は絶え間のない機銃掃射を受けて多くの犠牲者を出した。この激しい攻撃により日本軍は川を遡上しての上陸を午後に中断し、暗くなってから再開した。また、その夜に上陸部隊は落下傘部隊と合流した。

　空挺攻撃を受けたイギリス空軍は、全機をP2へと移動させた。これには35機のブレニムⅠとⅣ、20機のハドソン、そして22機のハリケーンが含まれていたが、その多くが運用には供さない状態であった。ハドソンは15日の午後にジャワへと退避し、これにハリケーンが続いた。ブレニムは翌

日に退避した。

イギリス空軍が日本軍の船団の前進を阻止することに失敗したため、これはカレル・ドールマン（Karel Doorman）海軍少将が率いる連合国艦隊に委ねられることになった。彼はオランダ軍の3隻の軽巡洋艦、イギリス海軍の1隻の重巡洋艦、オーストラリア軍の1隻の軽巡洋艦と合計10隻の駆逐艦（アメリカ海軍の6隻とオランダ軍の4隻）という、机上論としては圧倒的な戦力を有していた。この艦隊は日本軍の進攻船団を阻止せよとの命令を受け、スマトラ島の南端にある小さな港を2月14日の午後に出港した。

ドールマンの艦隊は上空の援護を欠いていたため、その任務の完遂は奇襲の成否によるところが大きかったが、これは15日の09:23に日本軍の水上機に発見されたことで失われてしまった。これにより絶え間のない日本軍の攻撃が終日にわたり実施されることになった。最初の航空攻撃は約1時間後に行われ、龍驤の4機の九七式艦上攻撃機がイギリス軍の重巡洋艦を攻撃したものの戦果はなかった。最初の大規模な攻撃はボルネオから出撃した元山航空隊の23機の九六式陸上攻撃機が仕掛け、水平爆撃で2隻の米海軍の駆逐艦に小規模な損害を与えた。さらに龍驤から出撃した7機の攻撃機が続き、再び重巡洋艦を爆撃したが全弾とも命中しなかった。この時点において、ドールマンは進攻部隊から80マイル以内のところにまで接近していたものの作戦を中止した。

連合国艦隊は、退避している間も更なる航空攻撃に耐えなければならなかった。美幌航空隊の27機の九六式陸上攻撃機が爆撃したが、全く損害を与えられなかった。鹿屋航空隊の17機の一式陸上攻撃機が日暮れ前に最後の攻撃を行ったが、これも全弾が外れた。散在する陸上発進の爆撃機と龍驤の九七式艦上攻撃機の3個編隊の合計19機による爆撃も、全く命中しなかった。

日本海軍航空隊は連合国艦隊の艦船に全く爆弾を命中させることができなかったものの、この戦役において連合軍が集結させた最大規模の艦隊に任務を放棄させた。日本軍は約100ソーティの結果に落胆させられた。魚雷も使用可能であったことからすると、もっと攻撃は成功していたかもしれなかった。撃墜された日本軍の航空機はなかった。この進攻船団の撃破が失敗に終わったことはパレンバンへの進攻の成功を確実にし、そのままスマトラ島の喪失へとつながった。

ジャワ島の東部に対する最初の日本軍の航空攻撃—1942年2月3日

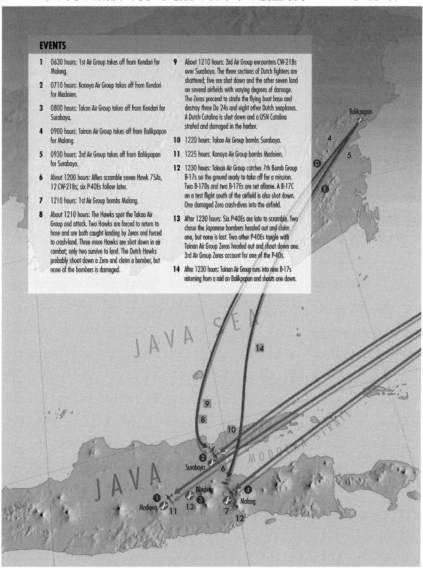

EVENTS

1 0630 hours: 1st Air Group takes off from Kendari for Malang.

2 0710 hours: Kanoya Air Group takes off from Kendari for Madoien.

3 0800 hours: Takao Air Group takes off from Kendari for Surabaya.

4 0900 hours: Tainan Air Group takes off from Balikpapan for Malang.

5 0930 hours: 3rd Air Group takes off from Balikpapan for Surabaya.

6 About 1200 hours: Allies scramble seven Hawk 75As, 12 CW-21Bs; six P-40Es follow later.

7 1210 hours: 1st Air Group bombs Malang.

8 About 1210 hours: The Hawks spot the Takao Air Group and attack. Two Hawks are forced to return to base and are both caught landing by Zeros and forced to crash-land. Three more Hawks are shot down in air combat; only two survive to land. The Dutch Hawks probably shoot a Zero and claim a bomber, but none of the bombers is damaged.

9 About 1210 hours: 3rd Air Group encounters CW-21Bs over Surabaya. The three sections of Dutch fighters are shattered; five are shot down and the other seven land on several airfields with varying degrees of damage. The Zeros proceed to strafe the flying boat base and destroy three Do 24s and eight other Dutch seaplanes. A Dutch Catalina is shot down and a USN Catalina strafed and damaged in the harbor.

10 1220 hours: Takao Air Group bombs Surabaya.

11 1225 hours: Kanoya Air Group bombs Madoien.

12 1230 hours: Tainan Air Group catches 7th Bomb Group B-17s on the ground ready to take off for a mission. Two B-17Ds and two B-17Es are set aflame. A B-17C on a test flight south of the airfield is also shot down. One damaged Zero crash-dives into the airfield.

13 After 1230 hours: Six P-40Es are late to scramble. Two chase the Japanese bombers headed out and claim one, but none is lost. Two other P-40Es tangle with Tainan Air Group Zeros headed out and shoot down one. 3rd Air Group Zeros account for one of the P-40s.

14 After 1230 hours: Tainan Air Group runs into nine B-17s returning from a raid on Balikpapan and shoots one down.

JAVA SEA

MODOERA STRAIT

JAVA

Balikpapan

Surabaya

Blirabing

Madioen

Malang

（→口絵頁参照）　　※地図中の「EVENTS」の和訳は128頁参照

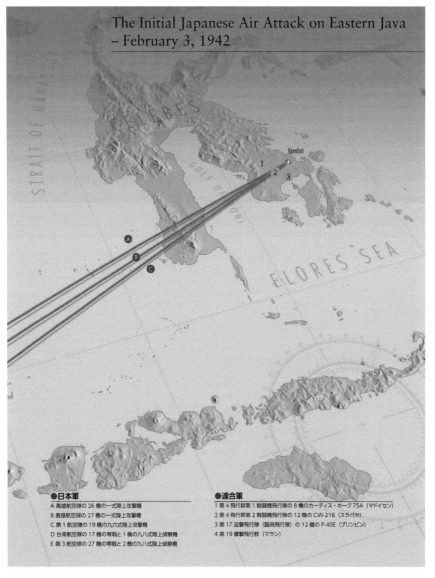

The Initial Japanese Air Attack on Eastern Java
– February 3, 1942

●日本軍
A 高雄航空隊の 26 機の一式陸上攻撃機
B 鹿屋航空隊の 27 機の一式陸上攻撃機
C 第 1 航空隊の 19 機の九六式陸上攻撃機
D 台南航空隊の 17 機の零戦と 1 機の九八式陸上偵察機
E 第 3 航空隊の 27 機の零戦と 2 機の九八式陸上偵察機

●連合軍
1 第 4 飛行群第 1 戦闘機飛行隊の 8 機のカーティス・ホーク 75A（マドイセン）
2 第 4 飛行群第 2 戦闘機飛行隊の 12 機の CW-21B（スラバヤ）
3 第 17 追撃飛行隊（臨時飛行隊）の 12 機の P-40E（ブリンビン）
4 第 19 爆撃飛行群（マラン）

■126頁図中の「出来事」（EVENTS）

1. 06:30：第1航空隊がケンダリからマランに向けて離陸。
2. 07:10：鹿屋航空隊がケンダリからマドイセン※に向けて離陸。

（訳者注：当時の呼称は「マジウン」。以下「マドイセン」と表記）

3. 08:00：高雄航空隊がケンダリからスラバヤに向けて離陸。
4. 09:00：台南航空隊がバリクパパンからマランに向けて離陸。
5. 09:30：第3航空隊がバリクパパンからスラバヤに向けて離陸。
6. 12:00頃：連合軍の7機のホーク75Aが緊急発進し、その後に続けて12機のCW-21Bと6機のP-40Eも出撃。
7. 12:10：第1航空隊がマランを爆撃。
8. 12:10頃：ホークが高雄航空隊を発見して攻撃。2機のホークが基地への帰投せざるを得なくなり、両機とも着陸時に零戦に攻撃されて墜落を強いられた。さらに3機のホークが空中戦で撃墜され、生き残って着陸したのは2機のみであった。オランダ軍のホークが1機の零戦を撃墜した模様であり、また1機の爆撃機の撃墜も記録しているが、損傷を受けた爆撃機はない。
9. 12:10頃：第3航空隊がスラバヤの上空でCW-21Bと交戦。オランダ軍の戦闘機は5機が撃墜され、いくつかの飛行場に7機が満身創痍の状態で着陸し、3個の飛行班が壊滅した。零戦は飛行艇の基地への機銃掃射を開始し、3機のDo24のほかオランダ軍の8機の飛行艇を破壊した。オランダ軍の1機のカタリナが撃墜され、米海軍の1機のカタリナが港で機銃掃射を受けて損傷した。
10. 12:20：高雄航空隊がスラバヤを爆撃。
11. 12:25：鹿屋航空隊がマドイセンを爆撃。
12. 12:30：出撃のために離陸準備を整えていた第7爆撃飛行群のB-17を第3航空隊が攻撃。2機のB-17Dと2機のB-17Eが炎上し、飛行場の南で試験飛行していた1機のB-17Cも撃墜された。1機の損傷した零戦が飛行場に体当たり攻撃した。
13. 12:30過ぎ：6機のP-40Eが遅れて緊急発進。そのうちの2機が爆撃を終えた日本軍の爆撃機を追撃して1機の撃墜を記録したが、失われた機体はなかった。別の2機のP-40Eが反転していた台南航空隊の零戦と絡み、1機を撃墜した。第3航空隊の零戦がP-40の1機を撃墜した。
14. 12:30過ぎ：バリクパパンに対する攻撃からの帰路にあった9機のB-17と台南航空隊が交戦し、1機のB-17が撃墜された。

東ジャワへの攻撃

　日本軍は、バリクパパンとケンダリの新しい基地を使用することで、今やジャワ島のスラバヤにある連合軍の海軍と空軍の最も重要な基地を攻撃することが可能になった。この意図が最初に示唆されたのは、台南航空隊の17機の零戦と1機の九八式陸上偵察機がバリクパパンからマドイセンの攻撃に向かった2月2日のことであった。この翌日に日本軍は、ケンダリから出撃する3個の航空隊の72機の爆撃機とバリクパパンから出撃する44機の零戦による大規模な攻撃を計画していた。オランダ軍はカーティスCW-21Bとホーク75Aで防衛し、これを米陸軍航空隊の第17追跡飛行隊のP-40が支援した。空中戦の結果は日本軍の大勝利であった。オランダ軍の戦闘機の飛行隊は両方とも粉砕され、P-40の緊急発進は遅すぎたために効果がなかった。爆撃機は目標を効果的に攻撃し、1機も喪失することはなかった。爆撃機が連合軍の戦闘機に対処すると、すぐに零戦がマラン飛行場や多数のオランダ海軍航空隊の飛行艇が所在しているスラバヤの港を機銃掃射した。全体として、連合軍の16機の戦闘機と1機の飛行艇、そして2機のB-17が撃墜され、あるいは墜落を強いられた。このほかに地上では4機のB-17と11機の飛行艇が撃破された。日本側の損失は、4機の零戦と1機の九八式陸上偵察機であった。

　この翌日、日本軍は近代的な航空戦力が持つ能力に関する別の事例を示した。スラバヤを大規模に攻撃した日本軍は、停泊している連合国艦隊を発見した。連合軍は、米海軍の2隻の巡洋艦とオランダ軍の2隻の巡洋艦、そして7隻の駆逐艦からなる艦隊でセレベス島の南部のマカッサルに向かう日本軍の進攻部隊への攻撃を計画しようとしていた。ドールマンは4日の昼間帯のうちにマカッサルへ移動することを決めていたが、これが日本海軍航空隊の行動を招いた。連合国艦隊はちょうど10:00になる前に発見されたことで、瞬く間に奇襲の望みは完全に絶たれた。視界を遮るもののない日にケンダリを出撃した日本軍は、鹿屋航空隊の27機の一式陸上攻撃機と高雄航空隊の9機の一式陸上攻撃機、そして第1航空隊の24機の九六式陸上攻撃機でドールマンの艦隊への攻撃を開始した。連合軍にとっての唯一の吉報は、爆撃機に搭載できる魚雷がなかったことであった。一連の攻撃で米海軍の巡洋艦は2隻とも損害を受けた。軽巡洋艦のマーブルヘッドは2発の小型爆弾を受けて大きく損傷したため、修復のために戦域を離脱

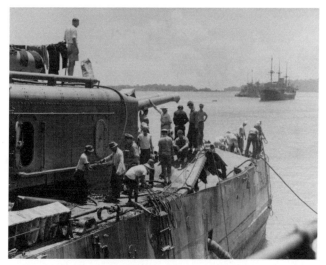

1942年2月4日における日本海軍航空隊の60機の爆撃機による連合国艦隊への攻撃は、12月10日におけるZ艦隊に対する成功の再現とはならなかった。この日に日本軍の爆撃機は魚雷を搭載していなかったため、水平爆撃のみに頼らざるを得なかった。彼らは11発の550ポンド爆弾をヒューストンに、2発の132ポンド爆弾をマーブルヘッドに命中させた。この写真は、マーブルヘッドが受けた損傷の一部を示している。マーブルヘッドは、この写真の損傷に加えて船尾に穴を開けられており、現地で修復することができなかった。この巡洋艦は本格的な修理のためにアメリカ本国へ戻された。　　　　　　　　（Naval History and Heritage Command）

せざるを得なかった。重巡洋艦のヒューストンは1発の550ポンド爆弾を受けて艦尾の8インチ砲塔を失い48名が戦死したが、大きく損傷しながらも戦い続けた。ドールマンは作戦を中止した。日本軍は、2月9日に第2航空戦隊、水上機母艦の千歳と瑞穂、そして陸上発進の零戦による援護の下でマカッサルに上陸した。ジャワ島への扉が開かれたのであった。

　ジャワ島の進攻は2月下旬の実施が計画された。このために必要とされるジャワ島の東部での航空優勢の獲得と連合国艦隊の撃破を完遂するため、日本軍は航空作戦を更に強化した。日本海軍航空隊は2月5日に台南航空隊の27機の零戦と1機の九八式陸上偵察機で再びスラバヤを攻撃した。これらを残存していた4機のCW-21Bが迎撃したが、2機のオランダ軍の戦闘機は墜落を余儀なくされた。零戦はバリクパパンに向かっていたB-17の編隊とも会敵して交戦した。爆撃機は1機が損害を受け、バリクパパンへの攻

撃任務は中止された。第1波の攻撃に続いたのは、第3航空隊の11機の零戦と1機の九八式陸上偵察機だった。これらは最後の2機のホークと会敵し、両機とも撃墜した。また、零戦は1機のオランダ軍のカタリナも撃墜し、飛行艇の基地を機銃掃射するために降下していった。この非常に効果的な攻撃により3機のDo24と、オランダ軍と米海軍の各2機のカタリナが破壊された。

　連合軍には更に悪い知らせが続いた。これと同日に第3航空隊の10機の零戦に護衛された鹿屋航空隊の23機の爆撃機と高雄航空隊の8機の爆撃機が、バリ島のデンパサール飛行場を攻撃したのであった。この基地の施設は重要であった。なぜならば、ここはオーストラリアからジャワ島へ航空機を増援する経路の一部として使用されていたからであった。攻撃部隊は現地にいた米陸軍航空隊の12機のP-40を発見した。10機のP-40Eが離陸に成功したが、零戦は未熟な第20追跡飛行隊を瞬殺した。P-40は5機が空中戦で撃墜され、2機が爆撃で破壊されたほか、3機以上が損傷を受けた。

　2月8日には第7爆撃飛行群の9機のB-17Eがケンダリへの爆撃を仕掛けた。1機の爆撃機が任務を中止し、残りは台南航空隊の9機の零戦と遭遇した。日本軍は、B-17の編隊に対する最も効果的な攻撃方法として、機首方向の真正面からアプローチした。即座に2機の爆撃機が撃墜され、一連の攻撃で更に4機が大きく損傷した。零戦は全くの無傷であった。

　高雄航空隊は2月18日にもスラバヤを攻撃した。爆撃機中隊の21機は護衛機である台南航空隊の零戦と合流できず、爆撃機のみの状態で攻撃地点に到達した。第17追撃飛行隊の12機のP-40Eが迎撃し、合計8機の爆撃機の撃墜を記録したが、実際の日本軍の損失はP-40に撃墜された2機と対空砲で撃墜された1機であった。また、もう1機が戦闘から受けた損傷のため帰投中に海への墜落を余儀なくされた。これは、この作戦において日本海軍航空隊が大きく爆撃機を損失した数少ない事例の1つであった。

　2月19日にも連合軍には容赦なく大惨事が降りかかった。最も重要であったのは、機動部隊の4隻の空母から出撃した188機がダーウィンを攻撃したことであった。この空母艦載機は沿岸部の施設に大打撃を与え、港内にいた9隻を撃沈した。次にケンダリから出撃した54機の爆撃機が近傍にある2つの飛行場を攻撃した。オーストラリアにあるオランダ領東インドとの主要な連絡経路は一時的に無力化されたのであった。

日本軍は、一部の隙もない隊形で飛行しながら爆撃することで知られていた。通常の攻撃は9機の爆撃機からなる1個中隊で実施され、2個または3個中隊の編成で行われることもあった。この写真の一式陸上攻撃機の中隊は通常の「V字型」の隊形ではなく、8機のみが写っており、1機が隊形から外れた位置にある。日本軍の爆撃の精度は良好であるのが普通であり、卓越した精度も散見された。日本軍の爆撃精度は、連合軍の攻撃時の平均よりも確実に高かった。　　　　（Australian War Memorial）

　　日本軍は、ジャワ島の東にあるバリ島を占領するために小規模な進攻部隊を派遣していた。この進攻部隊は、台南航空隊の数機の零戦によって援護されていた。わずか2機の零戦が05:00から08:00の間に攻撃してきた4機の重爆撃機と粘り強く交戦し、零戦は両機とも損傷を受けたものの、米陸軍航空隊の爆撃機は1機も目標に爆弾を命中させることはできなかった。この作戦におけるアメリカ陸軍航空隊の最も効果的な攻撃は、第91爆撃飛行隊の不幸な結末を迎える運命にある2機のA-24が零戦を突破し、1隻の輸送船に1発の爆弾を命中させたことであった。バリ島は2月18日の夕方に開始された短い戦闘を経て占領された。バリ島に進攻した日本軍の部隊は、2月19日から20日にかけての夜間に連合軍の海上戦力からの攻撃を受けたが、現地にいた日本海軍の4隻の駆逐艦が規模において大きく上回る連合軍の艦隊を撃退した。日本軍のバリ島への進攻は、この作戦において適切な航空戦力と海上戦力による援護なしで行われた進攻の唯一の事例であった。この事例においてさえ、連合軍は日本軍に軽挙妄動の代償を支払わせることができなかった。2月20日にティモールへの進攻が行われ、3日間の戦闘を経て占領されたことと併せて、オーストラリアからジャワ島への空輸経路は遮断された。

　　さらに悪い知らせが連合軍にもたらされた。マラン飛行場が18機の爆撃機と台南航空隊の23機の零戦によって攻撃されたのだった。爆撃機は天候に起因して別の目標へと向かったが、そのまま零戦は突き進んだ。米陸軍航空隊のP-40が迎撃のために出撃し、1機の零戦を撃ち落としたが、その代償としてアメリカ軍の戦闘機は7機が撃墜された。

　　ジャワ島にいる連合軍の航空戦力は激しく減耗したものの、日本軍は対

航空作戦の結果に満足していなかった。2月23日に日本軍は、進攻を2日遅らせて2月28日とすることにした。日本海軍航空隊が連合国艦隊を無力化できていなかったことは、こと更に大きな懸念事項となっていた。日本軍は港に停泊している連合国艦隊を叩けることを期待し、24日に51機、25日に22機、26日に26機の爆撃機をスラバヤへ向かわせ、それぞれを9機の零戦で護衛させた。この攻撃部隊に対して連合軍は迎撃を試みたが成功せず、さらに戦闘機を減耗することになった。

　第48師団を搭載してジャワ島の東部に向かっている進攻船団を攻撃するために連合国艦隊がスラバヤを出港した時、日本海軍航空隊は反応することができなかった。2月27日にクチンにいた元山航空隊は霧のために地上で動きがとれず、燃料と弾薬の不足が作戦を抑制していた。午後に鹿屋航空隊の8機の一式陸上攻撃機のみが連合国艦隊に指向されたが、これらが搭載していたのは小型の132ポンド爆弾のみであった。これは、ほかに使用できる爆弾がなかったためであった。爆撃機は目標に爆弾を命中させることができなかった。連合国艦隊は、この日の午後と夕暮れに行われた日本海軍の艦隊とのジャワ海海戦（訳者注：スラバヤ沖海戦）で決定的な敗北を喫した。

　また、2月27日に日本海軍航空隊は、もう1つの重要な成功を収めていた。元々は米海軍の最初の空母であった水上機母艦のラングレーが、P-40を搭載した貨物船とともにジャワ島の南部のチラチャップへと向かっているところを発見されたのである。高雄航空隊の16機の一式陸上攻撃機がバリ島から出撃して攻撃に向かった。この低速目標に対する第1波の7機による攻撃は外れたものの、次の9機の中隊の爆撃精度は極めて高く、5発を命中させて3発が至近弾となった。ラングレーは、その後に沈没した。

スラバヤの港湾と海軍基地は緊要な攻撃目標であり、2月の半ばから後半にかけて毎日のように攻撃が行われた。この写真は、その攻撃の直後の状況が撮影されたものである。この大混乱にもかかわらず、海軍基地は作戦の最後まで運用可能な状態を維持し続けた。
（Australian War Memorial）

ジャワ島をめぐる最後の戦い

　2月22日に連合軍の合同参謀長は、ジャワ島を防衛することはできないとして、この島の防衛を強化するための増援部隊は送らないことを決定した。これにより、ジャワ島の制空権をめぐる戦いは当然の結果となったが、既に島にいた連合軍の部隊は戦い抜いた。ジャワ島に残っていた連合軍の航空戦力は、オランダ軍のL・H・パース（L. H. Peirse）少将が率いる新しい司令部であるジャワ航空軍団の指揮下に置かれた。ジャワ航空軍団は、イギリス軍とオーストラリア軍とアメリカ軍が管理している3ヵ国の司令部とオランダ軍の部隊で構成されていた。また、残存しているオランダ海軍航空隊の飛行艇を統制する少数の幕僚もいた。ジャワ航空軍団と連合国艦隊が最優先する目的は、ジャワ島への進攻を阻止することであった。この作戦において、この時点までに連合軍の航空戦力の資源は乏しくなっていた（2月22日の時点で、わずか35機の戦闘機と25機の爆撃機のみが運用可能な状態）。それでもなお、ジャワ島を進攻から救うためのオランダ軍の戦略は、日本軍が必要としていた航空優勢を獲得するまでの期間を引き延ばすために、ジャワ航空軍団の断固たる対航空作戦の遂行を必要としていた。これが成功することで、日本軍のジャワ島への進攻は遅れることになるだろうとオランダ軍は期待していた。なぜならば、日本軍がジャワ島の東部の大半で既に航空優勢を獲得しているところ、連合軍の対航空作戦はジャワ島の西部を焦点としており、スマトラ島の南部で捕獲された物資やパレンバンに向かっている船舶あるいは現地にいる船舶を攻撃することで日本軍の延伸した補給線、特に航空機燃料の補給線に打撃を加えることを狙いとしていたからであった。これと同時に、パレンバン近傍の飛行場への攻撃による日本軍の航空戦力の減殺や、ジャワ島にいる進攻部隊に損害を負わせるための作戦も継続されることになった。上陸を実行する前の段階の日本軍は完全に制空権に依存しているとオランダ軍は正しく分析しており、この計画は妥当であった。しかしながら、連合軍の航空戦力は対航空作戦を成功裏に実行できるほどに強力ではなかった。また、この計画は日本軍が既にジャワ島の東部の航空優勢を獲得しているという事実を無視していた。

ジャワ島の西部での戦い

　ジャワ航空軍団は、ジャワ島の西部を防空するための戦闘機の戦力の集中に、ある程度の成功を収めていた。カリジャティにいるオランダ軍の43機の戦闘機は、24機のバッファローと2機のホーク75A、6機のカーチス・ライトCW-21B、そして11機のハリケーンⅡBで混成されていた。ただし、作戦開始の時点で運用可能であったのは26機のみであった。各飛行場には少数の対空機関銃が配備され、2ヵ所の局地防空司令部の航空作戦室が機能していた。しかしながら、2月25日から26日にバタビア近傍の2つのイギリス軍のレーダーが運用できる状態になるまでレーダーはなかった。

　ジャワ島の西部における連合軍の防空の要は、イギリス空軍のハリケーンの飛行隊であった。ハリケーンの戦力は、パレンバンで完敗した結果、第488飛行隊と第232飛行隊の合計19機となっていた。ジャワ島の防衛のために第605飛行隊と第242飛行隊が設立され、ほかの2つの飛行隊は解体された。第242飛行隊は第232飛行隊にいた23名のパイロットと、パイロットや航空機なしでジャワ島に到着した第242飛行隊の地上要員とを一緒にして編成された。第605飛行隊のパイロットは、第258飛行隊の6名と第488飛行隊の6名、そして第232飛行隊の2名で編成された。ハリケーンよりもパイロットの方が多く、運用可能な航空機の機数は平均して6機から12機であり、最大で18機であった。第242飛行隊に12機、第605飛行隊に6機が割り当てられた。オランダ軍は譲渡された20機から24機のハリケーンも保有していた。これらをオランダ軍は運用可能な状態にすることができなかったものの、頑なに返還することを拒んでいた。

　ジャワ島の西部における対航空作戦において、日本軍は初めて航空機による効果的な対抗措置を受けた。ハリケーンの飛行隊は、警報の発令が早くなったこととパイロットが経験を蓄積したことによりパフォーマンスが向上していた。イギリス軍はハリケーンの損失を抑えるとともに、ジャワ島の上空での抵抗を長引かせるために新しい戦術を導入した。ハリケーンは最大上昇限度である高度34,000フィートまで上昇してから日本軍を待ち受け、日本軍を発見すると単機で急降下攻撃を行い、そのまま下限高度まで降下してから離脱した。この戦法は、戦術的に可能であれば繰り返し行われることになった。

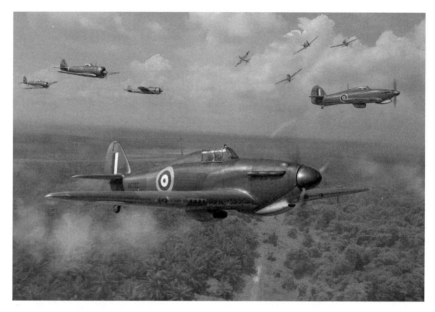

◎パレンバン上空での戦い

　日本軍は1942年2月6日にパレンバン1の連合軍の飛行場に対して強力な攻撃を行い、その翌日にも飛行第59戦隊と飛行第64戦隊の合計31機の一式戦闘機と飛行第90戦隊の少数の軽爆撃機で再び大規模な攻撃を行った。日本軍の一〇〇式司令部偵察機は7日の朝に飛行場の上空を飛行し、多数の連合軍の航空機がいるのを発見した。これらの航空機の中には、第258飛行隊と第232（臨時）飛行隊、そして第488飛行隊の約30機のハリケーンもいた。日本軍の攻撃編隊は午後の早い時間帯に現れた。いつものことながら警報の発令が不十分であったため、最後のハリケーンが離陸した時に日本軍の攻撃編隊は飛行場の上空に達していた。一式戦闘機は、上昇しようと悪戦苦闘しているハリケーンを引き裂いた。日本軍の2つの飛行戦隊は10機のハリケーンを撃墜したほか、さらに5機を撃墜したと思われるとした。この絵は第258飛行隊のハリケーンが飛行第64戦隊の一式戦闘機からの攻撃を受けている場面である。イギリス空軍の大惨事を拡大するため、飛行第64戦隊の第3中隊が飛行場を機銃掃射し、飛行第90戦隊の爆撃機が爆弾を投下した。これにより6機のブレニムと3機のハリケーンが破壊されたほか、11機のハリケーンと1機のバッファロー、そして1機のハドソンが損傷を受けた。

空母フォーミダブルから増援のハリケーンⅡBが到着したことで、イギリス空軍はジャワ島を防衛するために2個のハリケーンの飛行隊を再編することができた。ジャワ島の西部の制空権をめぐる短い戦闘の間に、ハリケーンは日々の日本陸軍航空隊による攻撃と、当時の日本陸軍航空隊の最高の戦闘機である一式戦闘機に対して、いくつかの成功を収めていた。これは1942年2月にチリリタン飛行場で撮影された第605飛行隊の航空機である。

(Andrew Thomas Collection)

　連合軍は戦力増強の途上にあった。チサエク飛行場は、水上機母艦ラングレーに搭載されていた米陸軍航空隊の2個飛行隊の合計32機のP-40E戦闘機を受け入れる準備を整えていた。これとは別に梱包された27機のP-40Eが貨物船で運搬されており、イギリス空軍とオランダ空軍の飛行隊に届けられることになっていた。

　第3飛行集団は2月15日にパレンバン1への部隊展開を開始したが、前方展開できる航空機の機数は飛行場の面積によって制限されていた。この基地での燃料や弾薬の入手に問題があったことも、展開できる爆撃機の数を制限した。2月18日の時点で、飛行第59戦隊と飛行第64戦隊の合計42機の一式戦闘機と、同程度の機数の飛行第1戦隊と飛行第11戦隊の九七式戦闘機がスマトラ島にいた。航続距離の短い九七式戦闘機は、主としてパレンバンの船や石油施設を守るために運用された。これらの戦闘機に加え、飛行第90戦隊の27機の九九式双発軽爆撃機と飛行第75戦隊の27機が2月23日に到着した。飛行第27戦隊は16機の九九式襲撃機を差し出しており、第50中隊の1機の一〇〇式司令部偵察機も展開していた。日本海軍航空隊もジャワ島の西部の作戦に加わっていた。第22航空戦隊の戦闘機部隊である15機の零戦と1機の九八式陸上偵察機が2月23日にバンカ島へ展開した。間近に迫った航空優勢をめぐる戦いに投入できる日本軍の戦闘機の合計機数は57機であった。これは圧倒的な数ではなかったが、この戦力は高練度のパイロットと高性能の航空機で構成されていた。

　日本軍は、一〇〇式司令部偵察機による偵察を先行的に実施した上で、

2月19日にジャワ島の西部での対航空作戦を開始した。センプラク飛行場は5機の九九式双発軽爆撃機と護衛機の19機の一式戦闘機による攻撃を受けた。この攻撃を9機のバッファローが迎撃したが、一式戦闘機が若干の高度的な優位性を活かして4機を撃墜し、3機に損傷を負わせた。ただし、オランダ軍のパイロットの戦死者は2名のみであった。九九式双発軽爆撃機は飛行場の施設を爆撃し、オーストラリア空軍の5機のハドソンも破壊した。

攻撃の初日における2番目の攻撃目標はアンディール飛行場であった。オランダ軍は12機のバッファローを緊急発進させ、9機の九九式双発軽爆撃機と護衛機の28機の一式戦闘機による午後の攻撃に対応した。オランダ軍の12名のパイロットのうちの7名が新米であり、圧倒的な数的不利にあることを見て取った編隊長は退却を命じた。バッファローは3機が撃墜され、2機が大きく損傷した。これに続いて飛行第90戦隊が格納庫を爆撃した。米陸軍航空隊の2機のB-17が駐機しており、1機が破壊されて1機が大きく損傷した。日本軍は1機の一式戦闘機と、これに搭乗していた熟練のパイロットを失った。また、もう1機がパレンバンへ帰投した後に登録を抹消された。これに加えて移動中の2機のB-17に会敵して攻撃した1機の一式戦闘機が失われた。爆撃機も1機が失われた。この初日の終わりには、オランダ軍とイギリス軍がジャワ島の西部で運用できる戦闘機は合計29機に減少していた。

この翌日に日本軍は24機の一式戦闘機と10機の九九式双発軽爆撃機でカリジャティを攻撃した。この攻撃に対する迎撃はなく、九九式双発軽爆撃機は爆弾を投下してオランダ軍の2機の爆撃機を破壊するとともに2機を損傷させ、1機に大きな損害を与えた。チリリタンのイギリス空軍のハリケーンは、この日の何度かの出撃で日本軍の1機の偵察機を撃墜した。

日本軍は2月21日にも圧力をかけ続けた。この日の始まりに際して連合軍が運用できる戦闘機は29機であった。日本軍は飛行第90戦隊の15機の軽爆撃機を29機の一式戦闘機が護衛する大規模な戦力を投入したが、12機の一式戦闘機が悪天候の中で方向を誤り、高度的な優位性を活かしたオランダ軍の急降下攻撃による奇襲を受けた。オランダ軍は1機も失うことなく1機の一式戦闘機を撃墜した。また、もう1機の一式戦闘機がパレンバンへの帰投中に燃料切れで墜落した。オランダ軍の損失は、1機のバッファロ

一と1機のCW-21Bと比較的に小さかったが、2機のバッファローが大きく
損傷していた。2機の九九式双発軽爆撃機がカリジャティを攻撃した際に
対空砲で撃墜された。

　2月22日には2波の攻撃が行われた。26機の一式戦闘機に護衛された合計
15機の軽爆撃機がクマヨラン飛行場とセンプラク飛行場を攻撃した。連合
軍の戦闘機は、輸送船団の護衛任務についていたため、この攻撃を迎撃す
ることができなかった。飛行場は対空防御が欠けており、日本軍の爆撃機
はいくつかの深刻な打撃を与えた。クマヨランでは駐機していた連合軍の
数機の爆撃機が損害を受け、より多くの損害がセンプラクで発生した。セ
ンプラクでは地上で6機のハドソンが破壊されたほか、3機が大きな損傷を
受けて登録を抹消された。また、この日にはジャワ島にいる連合軍の航空
戦力の指揮権がオランダ軍のヴァン・オイエン（L. H. Van Oyen）少将に
委譲された。その後に彼は防空に焦点を当てることを優先し、スマトラ島
での攻勢作戦への戦闘機の投入を控えた。

　この翌日の日本軍の活動は天候不良のために制限された。連合軍は残存

連合軍は飛行場の防御能力を欠いた状態のままであり、これが最終的には本作戦に
壊滅的な影響を及ぼす要因となった。地上で破壊された連合軍の航空機の数は、空
中で撃破された機数を大きく上回っていた。この写真に収められているのは、ジャワ
島の東部のアンディールにあるオランダ軍の飛行場で日本軍の攻撃を受けて炎上し
ている米陸軍航空隊のB-17である。　（Netherlands Institute for Military History）

していた6機のハドソンをカリジャティに移動させた。これはカリジャティの防御の方が充実していたからであった。全体的に見ると、連合軍のジャワ島の西部とパレンバンでの対航空作戦は全くの失敗というわけではなかった。それは、2月23日に日本軍がジャワ島の西部への進攻を2日遅らせて2月28日としたことに寄与したからであった。日本陸軍航空隊はジャワ島の西部を拠点とする連合軍の航空戦力は排除されたとしたが、日本海軍は同意しなかった。日本海軍は、綱渡り的な制空のみで進攻することを望まなかった。

　日本軍は連合軍の航空戦力にとどめを刺すため、2月24日に対航空作戦を強化した。この時点で連合軍が保有している運用可能な戦闘機は35機であった。3ヵ所の飛行場が攻撃され、日本軍はオランダ軍のバッファローとCW-21B、そしてイギリス軍のハリケーンからの抵抗を受けた。飛行第59戦隊の14機の一式戦闘機に護衛された17機の九九式双発軽爆撃機はアンディール飛行場の攻撃に向かい、オランダ軍の9機の戦闘機による迎撃を受けた。この空中戦は双方とも1機の戦闘機を失う引き分けであったが、爆撃機は飛行場へと押し進んで爆弾を投下し、3機のB-17を損傷させた。また、この爆撃でオランダ軍の1機の爆撃機が破壊され、もう1機が損害を受けた。これとは別の大規模編隊がカリジャティに送られた。この飛行第64戦隊の13機の一式戦闘機に護衛された飛行第75戦隊の16機の九九式双発軽爆撃機の編隊は、迎撃されることなく爆撃と機銃掃射を行った。この攻撃により2機のハドソンが破壊されたほか、さらに数機が軽度の損害を受け、カリジャティ飛行場は一時的に閉鎖された。一式戦闘機の3機が対空砲火で撃墜された。チリリタン飛行場の上空ではイギリス空軍のハリケーンが迎撃に成功したが、一式戦闘機によって2機が撃墜された。日本軍の爆撃機は1機が対空砲で撃墜された。日本軍の損失の合計は5機の爆撃機と1機の戦闘機であり、これに加えて1機が地上で失われるという甚大なものであった。連合軍も1機のオランダ軍の戦闘機と4機のイギリス軍のハリケーンを失い、戦闘機の数が大きく低下した。

　25日は日本軍がジャワ島の西部で最後の対航空作戦を実施した日であり、日本海軍航空隊がジャワ島の西部への攻撃を実施した最初で最後の日でもあった。日本陸軍航空隊はカリジャティを集中攻撃してオランダ軍の3機のハリケーンを撃墜し、地上にいたイギリス空軍の2機のブレニムを破壊

した。これに対して日本軍は、1機の一式戦闘機と2機の九九式双発軽爆撃機を失った。日本海軍航空隊は、1機の九八型陸上偵察機と13機の零戦に護衛された27機の九六式陸上攻撃機でタンジュンプリオク港とその近傍にあるチリリタン飛行場を攻撃した。この攻撃部隊を8機のハリケーンが迎撃し、その後の混戦で2機のハリケーンが撃墜されたが、ハリケーンも1機の零戦を撃墜した。九六式陸上攻撃機は1機が対空砲で撃墜された。港に向かっていた日本軍の爆撃機は迎撃されることなく爆撃してイギリスの油槽船に損害を与えたが、27機の九六式陸上攻撃機のうち11機が対空砲による損傷を受けていた。

　連合軍の飛行艇は、2月25日にバリクパパンの沖合に停泊している日本軍の進攻部隊を発見した。これはジャワ島の東部に向かう部隊であった。ジャワ島の西部に向かおうとしている進攻部隊の位置は不明であった。しかしながら、情報は西部に進攻する部隊が準備されていることを示唆していた。連合国艦隊は東部の進攻部隊と交戦するために派遣され、連合軍の航空戦力は西部への進攻部隊の捜索と東部の進攻部隊への攻撃に充当された。

　連合国艦隊と脆弱な連合軍の航空機による攻撃は失敗に終わり、日本軍はジャワ島の東部のクラゲン近傍と西部の3ヵ所への上陸を果たした。ジャワ島の西部の上陸地点の1つはカリジャティの重要な飛行場に近接しており、上陸直後から攻撃を推し進める日本軍に対してオランダ軍は激しく抵抗した。飛行場をめぐる戦いは2月28日から3月3日まで繰り広げられ、オランダ軍はバンドン高原への退却を余儀なくされた。日本軍は、3月5日から7日までの戦闘を経て、ジャイターパスを通じてバンドン高原へと至る経路を獲得した。ジャワ島の連合軍は3月9日に降伏したが、最終的に降伏する前に連合軍の様々な航空部隊がジャワ島からの撤退を開始した。米陸軍航空隊は残存していたB17を3月1日に撤退させた。オランダ軍の航空戦力による最後の攻撃が行われたのは3月7日であり、その翌日にイギリス空軍の最後の航空機がジャワ島を離れた。掃討作戦はあるにせよ、日本軍のオランダ領東インドの占領は完了したのであった。

✳ 分析と結論

ANALYSIS AND CONCLUSION

この作戦において、一式陸上攻撃機は日本軍の最高の爆撃機であった。一式陸上攻撃機は中型爆撃機として素晴らしい最高速度と爆弾搭載量、防御兵装、そして長大な航続距離を有していた。この爆撃機には1つの重大な弱点があったが、この作戦で露呈されることはなかった。これは1942年に撮影された鹿屋航空隊の一式陸上攻撃機である。　　　　　　　　　　　　　　　（NARA）

マレーとオランダ領東インドをめぐる4ヵ月間の航空作戦は、連合軍の壊滅的な敗北で終わった。この連合軍の完敗には、いくつかの理由があった。最初にして最大の理由は、日本軍が圧倒的な数的優勢を有していたことであった。日本海軍航空隊と日本陸軍航空隊は、合計して800機以上の航空機をもって作戦を開始した。これと比較して連合軍の航空戦力は非常に脆弱であった。マレーで作戦を開始したイギリス空軍が作戦に投入できた航空機は158機であり、オランダ軍は約230機であった。これらの航空機のほとんどは時代遅れになりつつある航空機または旧式機であった。しかも、連合軍は安定的な増援の流れを確立することができなかった。

　日本軍は、圧倒的な数的優勢にあっただけでなく、連合軍を上回る性能の戦闘機と、より経験を積んだ航空機搭乗員も有していた。日本海軍航空隊の標準的な戦闘機であった零戦は、太平洋戦争の開戦時期における卓越した制空戦闘機であった。零戦の長大な航続距離と強力な重武装、そして優れた機動性は東南アジアで戦うつもりであった日本軍の作戦に上手く適合していた。日本海軍の爆撃機である九六式陸上攻撃機と一式陸上攻撃機も、この作戦に理想的に適合していた。両機種が有していた長大な航続距離は、この地域の広さと比較的少数の飛行場しか運用できなかったことを踏まえると、極めて重要な要素であった。これらの爆撃機が、そして恐るべき零戦でさえもが戦闘での顕著な損傷に耐えられなかったことは、この作戦においては顕在化しなかった。この日本海軍航空隊の欠点は、基地航空隊の飛行部隊がガダルカナルの上空で日本海軍航空隊と同等に決意が固く装備が充実した防御側と対戦した時に初めて完全に露呈した。

　この作戦における日本海軍航空隊の損失について包括的に示すのは困難であるが、その損失が概して軽微であり、失われた航空機が速やかに補充されたことは明らかなようである。日本海軍航空隊の主要な飛行部隊は、この作戦を通じて戦力を保持し続けることができた。損失の規模を示す一例としては、12月29日から1月22日の間に第22航空戦隊が2機の爆撃機と5機の零戦、そして1機の九八式陸上偵察機を損失したとの記録がある。さらに爆撃機の2機が墜落し、1機が運用上の理由で失われていた。南方作戦に投入された日本海軍航空隊の全戦力のうち、1月4日から4月6日の間に失われたのは、14機の爆撃機、6機の偵察機と16機の戦闘機、そして2機の水上機の合計38機のみであった。これらの損失の原因は様々であるが、

この作戦において零戦は傑出した戦
闘機であった。これはオランダ領東イ
ンドでの作戦が完結した直後にラバ
ウルで撮影された第3航空隊の機体
である。経験豊富なパイロットが操縦
する零戦は、卓越した航続距離と火
力、機動性、そして上昇能力を組み
合わせた無敵の強さを発揮した。
（Yasuo Izawa Collection）

その多くは運用上の理由であり敵との交戦によるものではなかった。

　日本海軍航空隊は、極めて短期間で非常に多くのことを成し遂げた。マ
レーとシンガポール、そしてオランダ領東インドの占領作戦の全てが、3
個の戦闘機部隊の最大で合計115機の零戦によって守られていた。これら
の零戦が日本軍の進攻の主要な推進力であった。日本海軍航空隊の成功の
主たる理由は、そのパイロットが極めて高い技量を有していたことにあっ
た。ほぼ全員のパイロットが戦争前に厳しい訓練を受け、その多くが中国
で実戦経験を積んでいた。彼らは日本海軍航空隊で選び抜かれた精鋭たち
であった。この戦争における上位26名のエース・パイロットのうち14名が
マレーとオランダ領東インドでの作戦に参加しており、その中には上位4
名のうちの3名が含まれていた。

　攻撃機も優れていた。これは作戦初期にZ艦隊を撃破したことで実証さ
れた。この偉業を連合国艦隊に対して再現することはできなかったが、連
合国艦隊の2つの主要な作戦が日本軍の航空戦力によって阻止されたこと
は銘記されるべきだろう。脆弱な戦闘機と対空火器による防御に対して、
日本海軍航空隊の戦闘機と爆撃機は戦域の連合軍の基地施設を攻撃しなが
ら跳び回り、連合軍の航空戦力に耐えがたい損耗を負わせていた。

　日本海軍航空隊はマレーとオランダ領東インドにおける日本軍の勝利の
大半に貢献したとみられることが多い一方で、日本陸軍航空隊も同様に欠
かすことのできない役割を果たしていた。日本陸軍航空隊は、マレー北部
での2日間のイギリス空軍との戦いにおいて、対航空ドクトリンが実行可
能であることを実証した。日本陸軍航空隊はマレー半島を下る日本軍の猛
烈な進撃を援護し、イギリス空軍に主導権を決して渡さなかった。第3飛
行集団は、その全ての任務を完遂することができた。第3飛行集団は、シ

ンガポールとスマトラ島に所在するイギリス空軍を減殺するにあたり最も重要な役割を果たし、それから日本軍のジャワ島への進攻が連合軍の航空攻撃によって大きく妨害されることのないように、ジャワ島の西部にいる連合軍の航空戦力に十分な損害を負わせた。日本軍はレーダーを装備していなかったため、日本陸軍航空隊がイギリス空軍に対して行なった攻撃と同様の攻撃を日本陸軍航空隊も受けやすい状況にあった。イギリス空軍とアメリカ陸軍航空隊、そしてオランダ領東インド航空隊の全てが日本軍の主要な飛行場に対する作戦の実行を試みたが、これを実現するための航空機が不足していた。

　この作戦で運用された日本陸軍航空隊の航空機は、日本海軍航空隊とは比べ物にならない玉石混交の状態であった。一式戦闘機は、零戦のように戦争初期に名を馳せてはおらず見落とされているものの、卓越した航続距離を誇る機敏な戦闘機であり、対戦した連合軍の戦闘機の大半よりも優れていたことは確かであった。わずか2つの飛行戦隊の一式戦闘機が、ほぼ絶え間なく作戦を通じて飛び続けたことで日本陸軍航空隊の攻勢作戦を牽引したことを忘れてはならない。日本陸軍航空隊の多くのパイロットが歴戦の勇士であり、連合軍のパイロットに対して優位に立っていた。日本陸軍航空隊の上位22名のエース・パイロットのうち6名がマレーとオランダ領東インドでの作戦に参加していた。

　九七式「重」爆撃機と九九式双発軽爆撃機を主体とした日本陸軍航空隊の爆撃機は、この地域に連合軍が展開させた時代遅れの爆撃機と比較した場合であっても二流の航空機であったが、頑丈で整備性が高いことを証明した。この作戦を通じて、これらの爆撃機は防空が脆弱な連合軍の軍事施設に対して何度も十二分な大打撃を与えた。それから間もなく、マレーで運用された爆撃機は、より近代的なビルマやニューギニアの相手に対しては役に立たないことが証明された。

　イギリス空軍の戦いは勇敢であったが、効果的ではなかった。マレーにおいて、イギリス空軍は防御が困難な飛行場に展開した。これらの飛行場は前方に突出しすぎており、対空火器による防御もなかった。シンガポールの飛行場でさえも敵の攻撃に対する防御が施されておらず、このことが作戦の後半に全ての攻撃機をオランダ領東インドに撤退させねばならないことに繋がった。防空と洋上攻撃というイギリス空軍の2つの主要な任務

を達成するには、単純に航空機の数が足りなかった。

　作戦後のイギリス空軍の批評は、いくつかのイギリス空軍の主要な欠点を強調していた。これらには、戦闘機と対空火器が不足したこと、平時の飛行場が航空攻撃に対抗できず無力であったこと、そして適切な早期警戒システムの欠落していたことが含まれている。これは1941年12月8日と9日の状況を総括したものであり、いかにして2日間でイギリス空軍がマレー北部での戦闘での敗北を喫したのかを説明するものであった。イギリス空軍には110機の航空機が配備されていたが、開戦初日を終えて残っていた運用可能な航空機は50機のみであった。2日目の終わりには運用可能な航空機が10機のみとなり、プルフォードは2個の飛行隊を除く全機をシンガポールに撤退させた。公正を期すならば、上述した状況が開戦前に是正されていたとしてもイギリス空軍は航空優勢を巡る戦いで敗北を喫したであろうが、それまでに2日以上は要したことだろう。

　イギリス空軍の航空機が全般的に時代遅れであったことは、この作戦における重要な要素であった。イギリス空軍の標準的な戦闘機であったバッファローは、この戦争における最悪の戦闘機の1つとして知れ渡っていた。バッファローが配備された4個の飛行隊にも、パイロットと地上要員が未熟であり、予備の部品が不足しているといった障害があった。ハリケーンは大きく能力が向上されており、いくらかの経験をパイロットが獲得したことで、イギリス空軍はジャワ島の西部で日本陸軍航空隊に対抗し続けることができた。

　攻撃機は質と量の両面で不足していた。ブリストル・ブレニムとロッキード・ハドソンで構成された軽爆撃機の戦力には、制空権を獲得できていない空域で作戦を行える速度も防御能力もなかった。日本軍の船団を攻撃するための主要な兵器は、ヴィッカース・ヴィルデビースト雷撃機であった。この旧式機は前線部隊に配備されるべきではなく、極東地域にいるイギリス空軍の部隊の二線級として位置づけられているに過ぎなかった。この作戦の全体を通じてイギリス空軍が撃沈したのは、日本軍の2隻の商船のみと酷いものであった。

　勇敢に戦ったオランダ空軍も同様に敗北に敗北を重ねた。これは予想外のことではなかった。なぜならば、オランダ軍の主力戦闘機が不運を運命づけられたバッファローであり、パイロットは誰も作戦あるいは戦闘の経

一式戦闘機は、マレーとその後にオランダ領東インドへ進攻する日本陸軍航空隊の槍の穂先であった。一式戦闘機は極めて機動性の高い戦闘機であったが、武装は2丁の7.7ミリ機関銃のみと貧弱であり、装甲鈑と防弾措置された燃料タンクが装備されていなかった。最高速度は時速308マイルであり、これは連合軍の戦闘機と同程度であったが、軽量であることが一式戦闘機に驚異的な上昇能力をもたらしていた。この日本陸軍航空隊の新型戦闘機に連合軍のパイロットは気づいておらず、遭遇した一式戦闘機を常に零戦として報告していた。これは、両方の機種が基本的に同じような外観をしていたからであった。　　　　　　　　　　　　　（Andrew Thomas Collection）

験をしておらず、その多くが初めて戦闘機に乗る状態だったからであった。オランダ軍の主な爆撃機は旧式機であり、制空権を獲得できていない空域では大きな損失を受けずには運用できないということも証明した。オランダ軍は勇敢に日本軍の船団を攻撃したが、洋上目標に対する攻撃能力は限定的であった。このことは、作戦全体を通じてオランダ軍の爆撃機が撃沈したのが1隻の掃海艇と2隻の輸送船のみであったという事実に現れている。オランダ海軍の航空戦力は有能であったが、防御された目標を首尾よく攻撃するには機数が不足していた。彼らが撃沈した1隻の駆逐艦は、連合軍の航空機が沈めた最大の日本軍の戦闘艦であった。

　オランダ領東インドをめぐる航空作戦を異なる展開に導けたかもしれない唯一の方法は、より迅速かつ強力にアメリカ陸軍航空隊をジャワ島に展開できるようにすることであった。しかしながら、これを実現するためのアメリカ陸軍航空隊の計画は幻想の域を出なかった。オランダ領東インドに展開したアメリカ軍の航空機の機数はわずかであり、大きな影響を及ぼ

すには少なすぎ、そして遅すぎた。

　アメリカ軍の爆撃機部隊が戦闘に参加するのは初めてであった。この部隊は作戦に大きな影響を及ぼし得る最大の潜在力を有していたが、ドクトリンの規定どおりに高高度から爆弾を投下する爆撃機は、洋上攻撃の役割を果たすことが全くできなかった。この作戦において日本軍の艦船が重爆撃機の爆撃によって沈められることはなかった。日本軍の進撃の速度が上がるにつれて、ますますアメリカ軍の爆撃機の部隊は後手に回るようになった。1月22日から2月3日の間に爆撃機は広く分散した目標に対して15回の作戦を行ったが、これらの作戦に参加した84機のうち17機が天候不良のために作戦を中断し、これとは別の29機は何も戦果を得られなかった。15回の作戦のうちの5回で38機の爆撃機が目標を爆撃し、わずか2隻の輸送船と2隻の別の船への命中が記録されたが、実際には全く命中していなかった。その一方で爆撃機の損失は重大であり、その多くは運用上の要因によるものであった。

　2月上旬は悪天候のために重爆撃機の作戦が成功することはなかった。2月8日に9機のB-17がケンダリの日本軍の飛行場を爆撃しに向かい、天候不良のために編隊が散逸した状態で9機の零戦による攻撃を受けた。零戦は、この作戦において唯一となる重爆撃に対する大きな成功を収めた。2月9日から18日の間に爆撃機の部隊は作戦を強化し、B-17の72ソーティとLB-30の15ソーティで16回の作戦を実施した。これらのうち51ソーティは天候不良あるいは機械的な理由により中止された。1隻の駆逐艦を含む4隻に対して戦果をあげたとされているが、これらの全てが事実無根であった。重爆撃機が洋上攻撃の任務では役に立たなかったことからすると、より良い運用方法は、日本軍に占領された後のケンダリ飛行場のような要衝となる地上目標を選択して持続的に攻撃することであった。

　アメリカ陸軍航空隊の戦闘機部隊は、この作戦における連合軍の最良の戦闘機を運用していたが、パイロットの経験が不足していた。アメリカ軍の戦闘機は、全ての連合軍の戦闘機と同様に、作戦基盤による制限を受けていた。それは、早期警戒システムが脆弱であり、飛行場を防御する対空火器がほとんど無いか皆無の状態にあることを特徴としていた。あらゆるアメリカ軍の飛行隊の作戦も、整備員と予備の部品の不足によって制限されていた。

開戦してからの4ヵ月間における東南アジアでの日本軍の航空戦力の勝利は、真に衝撃的であった。多種多様な相手に対して日本海軍航空隊と日本陸軍航空隊は圧倒的な成功を積み重ねたが、マレーあるいはオランダ領東インドでは露呈しなかった日本軍の航空戦力の弱点は、あっけなく全てが暴露されることになった。日本軍に連合軍との消耗戦を戦う能力はなく、経験豊富なパイロットを補充することができず、大幅に能力を向上させた航空機を配備できなかったことは致命傷となった。開戦劈頭に東南アジアの空で戦った連合軍のように、日本海軍航空隊と日本陸軍航空隊は、老朽化した航空機あるいは旧式機で圧倒的な数的劣性を克服するための、勇敢ではあるが実ることのない戦いをすることになったのである。

✳ 参考文献

BIBLIOGRAPHY

Boer, P. C., *The Loss of Java*, NUS Press, Singapore (2011)

Clayton, Graham, *Last Stand in Singapore*, Random House New Zealand, Auckland (2008)

Craven, Wesley and Cate, James, *The Army Air Forces in World War II, Volume One*, Office of the Air Force History, Washington, DC (1983)

Cull, Brian, *Buffalos over Singapore*, Grub Street, London (2003)

Cull, Brian, *Hurricanes over Singapore*, Grub Street, London (2004)

Farrell, Brian, *The Defence and Fall of Singapore 1940-1942*, Tempus Publishing, Stroud (2005)

Ferkl, Martin, *Mitsubishi G4M Betty*, REVI Publications, Ostrave, Czech Republic (2002)

Foreign Histories Division, General Headquarters Far East Command, *Japanese Monograph No. 31, Southern Air Operations Record 1941-1945*, Tokyo (n.d.)

Foreign Histories Division, General Headquarters Far East Command, *Japanese Monograph No. 69, Java-Sumatra Area Air Operations Record, December 1941-March 1942*, Tokyo (1946)

Foreign Histories Division, General Headquarters Far East Command, *Japanese Monograph No. 101, Naval Operations in the Invasion of Netherlands East Indies December 1941-March 1942*, Tokyo (1950)

Francillon, René, *Japanese Aircraft of the Pacific War*, Naval Institute Press, Annapolis, Maryland (1979)

Gillison, Douglas, *Royal Australian Air Force 1939-1942*, Australian War Memorial, Canberra (1962)

Hata, Ikuhiko, Izawa, Yasuho and Shores, Christopher, *Japanese Army Air*

Force Fighter Units and Their Aces 1931-1945, Grub Street, London (2002)

Hata, Ikuhiko , Izawa, Yasuho and Shores, Christopher, *Japanese Naval Air Force Fighter Units and Their Aces 1932-1945*, Grub Street, London (2011)

Ichimura, Hiroshi, *Ki-43 'Oscar' Aces of World War 2*, Osprey Publishing, Oxford (2009)

Kelly, Terence, *Hurricanes over the Jungle*, Pen & Sword Aviation, Barnsley (2005)

Kirby, S. Woodburn, *The War Against Japan, Volume 1*, HMSO, London (1957)

Kreis, John, *Air Warfare and Air Base Air Defense*, Office of the Air Force History, Washington, DC (1988)

Lake, Jon, *Blenheim Squadrons of World War 2*, Osprey Publishing, Oxford (1998)

Lohnstein, Marc, *Royal Netherlands East Indies Army 1936-42*, Osprey Publishing, Oxford (2018)

Millman, Nicholas, *Ki-27 'Nate' Aces*, Osprey Publishing, Oxford (2013)

Morison, Samuel E., *The Rising Sun in the Pacific, Volume Three, History of United States Naval Operations in World War II*, Little, Brown and Company, Boston (1975)

Peattie, Mark, *Sunburst*, Naval Institute Press, Annapolis, Maryland (2001)

Richards, Denis and Saunders, Hilary St. George, *Royal Air Force 1939-1945, Volume 2*, HMSO, London (1974)

Robinson, Neil, *Pearl Harbor to Coral Sea the First Six Months of the Pacific War*, AIRfile Publications Ltd, Barnsley (2011)

Rohwer, Jurgen, *Chronology of the War at Sea 1939-1945* (third ed.), Naval Institute Press, Annapolis, Maryland (2005)

Salecker, Gene, *Fortress Against the Sun*, Combined Publishing, Conshohocken, Pennsylvania (2001)

Shores, Christopher, Cull, Brian and Izawa, Yasuho, *Bloody Shambles, Volume 1*, Grub Street, London (1992)

Shores, Christopher, Cull, Brian and Izawa, Yasuho, *Bloody Shambles, Volume 2*, Grub Street, London (1993) (クリストファー・ショアーズ、伊沢

保穂、ブライアン・カル『南方進攻航空戦 1941-1942』大日本絵画、2001年）

Stenman, Kari and Thomas, Andrew, *Brewster F2A Buffalo Aces of World War 2*, Osprey Publishing, Oxford (2010)

Stille, Mark, *Java Sea 1942*, Osprey Publishing, Oxford (2019)

Stille, Mark, *Malaya and Singapore 1941-42*, Osprey Publishing, Oxford (2016)

War History Office of the National Defense College of Japan, *The Invasion of the Dutch East Indies*, Leiden University Press (2015)（防衛庁防衛研修所戦史室『戦史叢書 蘭印攻略作戦』朝雲新聞社、1967年）

War History Office of the National Defense College of Japan, *The Operations of the Navy in the Dutch East Indies and the Bay of Bengal*, Leiden University Press, Leiden (2018)（防衛庁防衛研修所戦史室『戦史叢書 蘭印ベンガル湾方面海軍進攻作戦』朝雲新聞社、1969年）

Womack, Tom, *The Allied Defense of the Malay Barrier, 1941-1942*, McFarland & Company, Jefferson, North Carolina (2016)

Womack, Tom, *The Dutch Naval Air Force Against Japan*, McFarland & Company, Jefferson, North Carolina (2006)

❖ 戦闘機等の戦法について

村上　強一

　本書では、連合軍と日本軍がそれぞれ「一撃離脱」と「格闘戦」を主用したことや、また零戦が「捻りこみ」を「共通の戦法」としていたこと等が指摘されているところ、これらについて補足する。また、日本海軍航空隊の爆撃及び雷撃による対艦攻撃と現代のミサイルによる対艦攻撃との相違等について解説する。

1．格闘戦と一撃離脱との違い

（1）格闘戦

　戦闘機と戦闘機との空中戦の中でも格闘戦はドッグファイトと表現される。これは、どちらも敵機の「尻尾」を狙ってめまぐるしく飛び回ることから、このような名前が付けられた*1。

　日本海軍航空隊は、日本陸軍航空隊と同様に太平洋開戦時にドイツから伝わったロッテ戦術による編隊連携で戦っていた。このロッテ戦術は、2機の戦闘機で編隊を組み、例えば会敵の際は敵より高空から1機が攻撃を開始し、残りの1機は上空に待機して一撃で撃墜できなかった場合に第二撃を加える役割を果たした。したがって、このような格闘戦は最初の攻撃で撃墜できなかった場合に低空で行われることが多かった*2。

　本書では日本軍の操縦士が連合軍よりも格闘戦に強かったことが示されているが、それでは格闘戦に強い操縦士は何が違っていたのだろうか。現場で具体的に重視されていたこととして、日本海軍航空隊の第11航空艦隊参謀であった野村了介海軍中佐の手記が参考になると思われる。この手記には、まず敵より先に見つけること、次に敵より1メートルでも高度を高

くとること、そして常に僚機との連携をたもつこととある＊3。

（2）一撃離脱

一撃離脱の空中戦は、簡単に言えば敵よりも高い位置から急降下で攻撃し、そのまま直ちに退避に移行する奇襲戦術である。これは位置エネルギーを急降下によって速やかに速度へと変えて高速で敵に襲いかかり、攻撃後は格闘戦に移行することなく迅速に退避してから直ちに上昇することで、今度は速度エネルギーを高度に変えて再攻撃できるようにするという効率の良い戦術と言える。

このような一撃離脱を行うには、相手に気づかれることなく高い位置に占位していることが必須であり、可能な限り雲に隠れたり太陽を背にして接敵する必要がある＊4。この戦術は、本書でも日本海軍航空隊の零戦に対する連合軍側の攻撃に見られたことが描かれている。

戦争の前半に連合軍の戦線を支えたアメリカ陸軍の戦闘機P-40も、格闘戦では零戦に敗れてしまうため一撃離脱を零戦との闘いに活用した。これが後にアメリカ軍戦闘機の対零戦戦術の基本となり、零戦を大いに苦しめた＊5と言われる。アメリカ陸軍の戦闘機P-38やアメリカ海軍の戦闘機F4Uなどは、零戦よりも高高度性能を有し、急降下速度に優れていた＊6。このため、零戦は例え攻撃をかわしてもこれらの戦闘機を追うことができず図1＊7のような一撃離脱を繰り返され被害が拡大した。

日本軍も、アメリカ軍の爆撃機に対して一撃離脱を用いていた。例えば、

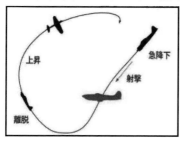

図1 一撃離脱法

「スーパー・フォートレス」と呼ばれたB-29に対して日本海軍航空隊の「紫電改」などが正面のやや上から接近し、背面になった姿勢で相手の操縦席を真上から銃撃、その後相手の機体の脇をすり抜ける等の方法で一撃離脱を行っていた。同様の方法は、アメリカ軍のB-17やB-25に対してもとられていた＊8。

２．上昇率に優れている戦闘機の方が有利である理由

格闘戦と一撃離脱には上述のような違いがあるが、相手より高い高度からの攻撃が重視されていたことは共通している。当時の格闘戦の常識とし

て、会敵時に敵より高度が高いということは優位とされ、絶対の条件と考えられていた*9。前述の野村海軍中佐は、「高度、すなわちポテンシャル・エネルギーはいつでも速度に変換できるので、高度1メートルは血の一滴と思えと教えられていた*10」と述懐している。

　つまり、上昇率に優れていると当時の戦闘機が飛行できる高い高度帯に素早く達することができ、格闘戦の最中でも一撃離脱の後でも相手より先に高い高度を確保しやすくなる。そして、敵よりも高い位置から高度を速度に変えながら高速で相手を攻撃、すなわち短時間で距離を詰めて「相手が動く前に射撃*11」することを続けることができる。一方、上方からの攻撃に曝される側は、相手より低い位置から上昇すれば速度が落ちてますます不利となるため、下方に逃げてから挽回の機会を求めることになる。これを日本陸軍戦闘機「飛燕」の操縦士であった三浦泉氏は、その著書の中で「空中戦では上方から攻撃されれば、下方の者は逃げるよりほかに方法がない*12」と述べている。

3．「ひねり込み」の仕方

　柴田武雄元海軍大佐は、ひねり込みを「宙返りまたは斜め宙返りの頂点付近から、エルロンと方向舵のたくみな操作により、戦闘機同士の格闘戦における旋回圏を小さくして相手機に喰いこむ空戦操縦法*13」と説明する。もう少し簡単に説明すると、相手機に後方を取られた状態から宙返りをする途中で機体をひねり、図2のように自機が描く宙返りの円形を途中で省略するような形をとることで、同じく宙返りしている相手機の後方に喰いこみ攻守の立場を逆転する戦法である*14。

　この宙返りの円形を途中で省略するような形をとる「ひねり込み」について、古参の操縦士は「失速一歩前のきわどい技だ」と述べており、その操縦方法の説明も難しく教育普及は非常に困難であった*15。また、この技を古参操縦士は「教える」のではなく空でよく目を見開いて「盗め」という態度であった*16とされることから、操縦士にとって「共通の戦法」とすることは至難の業であったことが窺える。

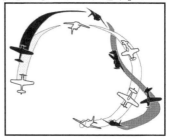

図2　ひねり込み

4. 日本海軍航空隊の雷撃及び爆撃と現代の対艦攻撃

日本海軍航空隊は、敵艦艇の撃沈を主目標として＊17雷撃、水平爆撃、急降下爆撃を行っていた。現代の対艦ミサイルによる攻撃は、敵艦艇の機能喪失が主目標となっていると言える。

（1）マレー沖海戦における日本海軍航空隊の雷撃及び爆撃

ア．雷撃

開戦当初に運用された九一式航空魚雷は、重量が約800kg、駛走距離2,000メートル、水中速力42ノットであり、その投下は敵艦から1,000メートル以内で行われた。また、直進する魚雷を動いている敵艦すなわち戦闘しながら回避行動をとっている攻撃目標に命中させるには相当の見込角が必要とされたことに加え、同一方向からの雷撃は回避されやすいため、多方向からの同時攻撃が必要であった＊18。

このような攻撃方法を本書では「挟撃」と表現されている。マレー沖海戦でのイギリスの巡洋艦レパルスに対する96式陸上攻撃機の雷撃は、例えば右舷側の5機と左舷側の2機が時間差攻撃を行ったり、まず左舷側からの5機による攻撃に続いて更に左舷側から2機と右舷側から1機が同時攻撃を行うなどにより、合計4本の魚雷を命中させた。また、一式陸上攻撃機もレパルスに合計9本の魚雷を命中させている。戦艦プリンス・オブ・ウェールズに対する96式陸上攻撃機の雷撃は、左舷側からの5機と右舷側からの3機の同時攻撃により合計2本の魚雷を命中させた。その後、一式陸上攻

撃機が図3＊19のような隊形でプリンス・オブ・ウェールズに肉薄したとされ、（本書では右舷側に命中した4本の魚雷が致命傷となった旨が記述されているところ）合計5本の魚雷を命中させている＊20。

図3 一式陸攻による対艦攻撃

イ．水平爆撃

当時、水平爆撃には大型爆弾（重量約800kg）の徹甲弾（九〇式八〇番五号爆弾）や通常弾（八〇番通常爆弾）が使用されていた。また、洋上で自由回避する目標に対して、高高度から一発必中の爆撃をすることは期待できなかった。このため、日本海軍航空隊では研究を重ね、爆撃機の編隊による面をもって敵艦を捕捉し、1発以上の命中を期待する方式が採られた＊21。

　マレー沖海戦におけるレパルスに対する水平爆撃では、8機の九六式陸上攻撃機が高度3,000メートルから250kg爆弾を投下し、1発を命中させた。プリンス・オブ・ウェールズに対しては、8機の九六式陸上攻撃機が同じく高度3,000メートルから500kg爆弾による水平爆撃を行い、2発を命中させている。

　これらの水平爆撃と雷撃がマレー沖海戦では次々と実施された。また、それぞれの時間的な間隔はわずかであったことから、ほぼ同時攻撃の形となった。その結果、レパルスの対空砲火は多数の爆撃機に追従できず、被害を全く受けなかった爆撃機の中隊もあった*22。

（2）現代の対艦攻撃

　レーダーやミサイルなどが発達している現代においては、イージス艦に代表されるように艦艇の防空能力も向上している。爆弾も発達し、赤外線ホーミング誘導装置を装着することによる命中精度の向上等がみられるものの、敵艦艇の防空網に進入して爆弾を投下するのは極めて難しい*23。そこで、現代は対艦ミサイルによる攻撃に焦点が当てられることになる。

　現代の対艦ミサイルは、旧軍の魚雷とは比べものにならないほど遠方から発射することができ、かつ様々な誘導方式を用いることで命中精度も向上している。例えば、航空自衛隊は慣性誘導とアクティブ・レーダーホーミングを組み合わせたASM-1（80式空対艦誘導弾）と、ターミナル誘導システムをレーダーから電子妨害などの影響を受けにくい赤外線画像（IIR）としたASM-2を装備している。また、これらをはじめとする現代の対艦ミサイルは射程が延伸されており、ミサイルのみならずミサイルと組み合わされるデータリンクの性能や運用要領によっては敵艦艇の射程圏外から発射することが可能となっている。

　そして、天候の影響や航空機の搭載重量の制限等を受け、敵艦艇の情報収集や敵戦闘機等の脅威の排除が重要であるといったことに加え、飽和攻撃が効果的な手段であるということは現代においても変わりはない。戦艦プリンス・オブ・ウェールズや巡洋艦レパルスに対して水平爆撃と左右からの雷撃をほぼ同時に行い戦果をあげたマレー沖海戦の戦訓は、現代においても有効であると言えるだろう。

註

＊1　トニー・ホームズ『オスプレイ対決シリーズ9　スピットファイアvsBf109E
英国本土防空戦』宮永忠将訳（大日本絵画、2011年）63頁。

＊2　赤塚聡『ドッグファイトの化学　改訂版　知られざる空中戦闘機動の秘密』
（SBクリエイティブ、2018年）102頁。

＊3　野村了介他『空戦に青春を賭けた男たち』（潮書房光人新社、2018年）10〜11
頁。

＊4　赤塚『知られざる空中戦闘機動の秘密』126頁。

＊5　松森敦史編『歴史探訪シリーズ　ゼロ戦VS紫電改』（晋遊舎、2013年）74頁。

＊6　堀越二郎『その誕生と栄光の記録　零戦』（角川書店、2012年）209〜210頁。

＊7　「一撃離脱戦法」
https://onemore01.c.blog.ss-blog.jp/_images/blog/_18f/onemore01/Cap20481.jpg
（最終アクセス日2022年3月29日）をもとに筆者調整。

＊8　宮崎勇『還って来た紫電改』（潮書房光人社、2013年）262頁。

＊9　野村『空戦に青春を賭けた男たち』173頁。

＊10　同上、11頁。

＊11　ダグラス・C・ディルディ『バトル・オブ・ブリテン1940』橋田和浩監訳
（芙蓉書房出版、2021年）164頁。

＊12　三浦泉『少年飛行兵「飛燕」戦闘機隊』（光人社NF文庫、2011年）135頁。

＊13　野村『空戦に青春を賭けた男たち』、21頁。

＊14　宮崎『還って来た紫電改』65〜66頁。

＊15　野村『空戦に青春を賭けた男たち』35頁。

＊16　野村『空戦に青春を賭けた男たち』23〜24頁。

＊17　防衛庁防衛研修所戦史室『戦史叢書95　海軍航空概史』（朝雲新聞社、1976
年）189頁。

＊18　同上、193頁。

＊19　「一式陸上攻撃機」http://m3i.nobody.jp/military/img/issiki4.jpg（最終アク
セス日2022年3月29日）をもとに筆者調整。

＊20　防衛庁防衛研修所戦史室『戦史叢書24　比島　マレー方面　海軍進攻作戦』
（朝雲新聞社、1969年）454〜480頁。

＊21　防衛庁防衛研修所戦史室『戦史叢書95　海軍航空概史』189-191頁。

＊22　防衛庁防衛研修所戦史室『戦史叢書24　比島　マレー方面　海軍進攻作戦』
454〜480頁。

＊23　毒島刀也『図解　戦闘機の戦い方』（遊タイム出版、2014年）74頁。

解　説

❖ 当時のレーダーの開発及び運用状況等について

福島　大吾

　本書では、日本海軍の潜水艦がZ艦隊を発見し、爆撃機が位置を特定して攻撃を開始したことや、艦艇の対空防御（対空砲火）について述べられている。このように本書では目視による敵の発見が描かれているところ、既に実用化され始めていた当時のレーダーの開発及び運用の状況について補足する。

1．はじめに

　今日のレーダーは軍事分野における火器管制レーダー、警戒管制レーダー、地対空ミサイル・レーダー、イージス・システム等に用いられている一方、民生分野においても航空管制レーダー、水上レーダー、交通取り締まりレーダー等の様々な用途で使用されている。

　電波は、1888年にハインリヒ・ヘルツ（Heinrich Rudolf Hertz）が行った実験によって発見された。その後、電波には金属に強く反射する性質があることが確認されて以降、これを目標の探知に活用するレーダーの開発に結びついていく。レーダーは、ドイツの発明家クリスティアン・ヒュルスマイヤー（Christian Hülsmeyer）が1904年に5km先の艦船を探知する装置を発明したことがその始まりとされており、1930年代からは米国や英国等でレーダーの実用化と軍事への応用が始まっていき、航空機の探知もできるようになっていった。そして、第二次世界大戦を通じてレーダーの実用化が進み、これによって遠方の目標探知が容易になり、かつ精度も確保できることが認められ、飛躍的な進歩を遂げていくことになる。

　本書で描かれている南方作戦におけるレーダーは、いわゆる黎明期の状態であったと言える。電波が空中を伝搬する際、その電力は、1／距離^{2}で減衰する。レーダーは、送信した電波が目標に反射して、これを受信することで機能を発揮することから、レーダーで受信する電力は、さらに目標からの反射波も、1／距離^{2}で減衰し、計1／距離^{4}で減衰する。このため、レーダーで送信する電力は大きなものが求められる。これを実現する電力増幅器又は電波発生器として、当初は真空管が用いられることが多かった

が、周波数特性が低かったことからUHF等の低い周波数に限られていた。このような中で1940年代に空洞型マグネトロンが発明され、より高い周波数の電波の送信が可能となったことにより、レーダーとしての分解能が向上されることになった。

　当時は、マイクロ波を用いたレーダーの実戦への投入が一部で見られ始めた頃であり、現代の空港等で見られる航空管制レーダーのように回転するアンテナが出始めた時期でもあった。本書で取り上げられているマラヤとオランダ領東インドでの航空作戦において、米国及び英国は地上レーダーを配備するともに、艦船にもレーダーを装備していた。

２．地上レーダー

　マラヤ、シンガポール、フィリピン、バタビア島において、米国及び英国は地上レーダーを配備していた。これらはUHF帯域及びSHF帯域のレーダーであり、複数の半波長ダイポールアンテナの合成波によって指向性をもつ送信覆域を構成していた。レーダーは捜索レーダーと射撃管制レーダーで構成され、捜索レーダーでの探知をもとに射撃レーダーが方位、高度を測定し、高射砲やサーチライトに対して目標情報を提供していた。

（１）マラヤ及びシンガポールのレーダー

　第二次大戦の開戦時に、イギリスは、捜索及び対空射撃の管制等のために、チェーン・ホーム（CH：Chain Home）／低空用チェーン・ホーム（CHL：Chain Home Low）やGL MKⅡレーダーをマラヤ及びシンガポールに設置していた。

　このCH/CHLは、イギリス本土に配置されたドイツからの英本土航空攻撃に対応するものと同じものである。イギリス本土では、高空用のCHと低空用のCHLを配置し、ダウディング・システムと呼ばれる防空組織を活用して防空作戦を展開していた。CHLは送信用のアンテナと受信用のアンテナが分かれたレーダーであり、それぞれのアンテナが同期して回転することで、送信電波の放射方向と受信電波の到来方向を一致させることができた。また、時間（又は距離）に応じた目標からの反射強度を表示させるAスコープを用いて目標からの反射信号が受信される時刻を測定することで距離が測定され、回転可能なアンテナの指向方位を読み取ることで方位が測定された。

　また、GL MKⅡはサーチライト及び対空砲に目標情報を提供するため
に使用されたレーダーであり、送信器、受信器、電源それぞれを搭載した
合計3台の車両で構成されていた。送信器の空中線はハンドルで回転させ
るようになっており、高部空中線と低部空中線をスイッチで切り替えるよ
うになっていた、この高部空中線は単一ダイポールアンテナで指向性が低
く、近距離用の警戒機能をも兼ねていた。受信器には6個のダイポールア
ンテナがあり、2個が方位測定用、2個が高度測定用、1個が距離測定用、
残りが、距離測定用の反射器として使用された。また、アンテナの回転は
ハンドルで行われた。

　本書では探知距離の不足等により有効な迎撃ができなかったとされてい
るが、これらのレーダーの主要諸元は表1のとおり。

表1　マラヤ及びシンガポールにおけるレーダーの主要諸元

項　目	CD/CHL	GL MKⅡ
周波数	200MHz	54.5〜85.7MHz
出力	150kW	150kW
覆域		方位：40度、高度：15〜40度
距離範囲	100マイルまで	50,000ヤード（探知）
アンテナ回転数	手動で回転	手動で走査

（2）フィリピンのレーダー

　アメリカはフィリピンのマニラ等にサーチライトの制御や対空射撃に使
用したSCR-268と、捜索用に使用したSCR-270、SCR-271といったレーダー
を配置しており、開戦時にはマニラ南方地区等へのレーダーの設置作業が
進められていた。

　SCR-268はアンテナの幅が約12m、高さが約3mのレーダーで、送信用ア
ンテナと受信用アンテナがトレーラーの上に搭載されており、移動するこ
とが可能であった。また、このレーダーを用いることで、目標までの距離
を測定できたほか、アンテナの指向方向から方位を読み取り、距離とアン
テナの仰角方向から高度を算出することができた。そして、これらの情報
はサーチライト部隊や高射部隊へ提供されていた。

　SCR-270は6台の車両によって運搬できる移動式の捜索レーダーであり、
一つのアンテナで送信と受信を行う、当時としては革新的なレーダーであ

った。このレーダーは、高さが約17mの格子に配置された4要素9段からなる計36個の半波長ダイポールアンテナの合成波で覆域を構成し、このアンテナを水平に360度回転させることで全周警戒を行っていた。その波長は約3mで航空機のプロペラとほぼ同じであり、目標の探知には有効であった。ただし、目標までの距離はオシロスコープで時間軸と受信信号の表示から、方位等はアンテナに記されている角度を双眼鏡で観測して読み取らねばならず、これらの精度は高くはなかった。また、SCR-271はSCR-270の設置型である。

これらのレーダーの主要諸元は、表2のとおり。

表2 フィリピンにおけるレーダーの主要諸元

項　目	SCR-268	SCR-270/SCR-271
周波数	205MHz	106MHz
出力	75kW-	100kW
精度		距離：4マイル、方位：2度
距離範囲	22マイル	250マイル
アンテナ回転数	----	1rpm

3．艦船搭載レーダー

Z艦隊のプリンス・オブ・ウェールズとレパルスには、それぞれ目標の捜索と射撃管制のためのレーダーが搭載されていた。

これらの艦船のレーダーも、地上レーダーと同様に、捜索レーダーで目標を検出し、射撃管制レーダーで距離や方位、高度等の精度の高い情報を得て攻撃を行っていた。ただし、これも地上レーダーと同様に、捜索レーダーの捜査員が目視で検出した目標に対し、射撃管制のためにアンテナ角度を手動で逐次調整して測定を行う必要があったため、大規模な航空攻撃から艦船を防御することは非常に困難であった。

（1）プリンス・オブ・ウェールズのレーダー

プリンス・オブ・ウェールズには、279型レーダー（対空捜索レーダー）と282型レーダー（射撃管制レーダー）、そして高角管制装置（HACS：High Angle Control System）に付随した285型レーダー（射撃管制レーダー）が搭載されていた。

279型レーダーは、送信用と受信用の2つのダイポールアンテナが支柱

解　説

に取り付けられていた。この捜索用レーダーは、当初は水上捜索と対空捜索を行うように設計されたが、実際は主として対空捜索に使用されていた。

　282型レーダーは、距離を測定可能な対空砲用のレーダーであった。そのアンテナには2組の八木アンテナが使用され、出力は15kWで3.5マイルの距離にいる目標を探知することができた。また、目標の照準や追尾は、照準器（望遠鏡）を用いて目視で行われた。

　285型レーダーは、高角管制装置（HACS）と併せて使用された。HACSは、高高度水平爆撃のために飛来してくる目標の高度、方位及び速度を算出するシステムであり、光学望遠鏡がついた高角方位盤（HACS Director）及び目標予測位置を算出する高角指揮盤（HACS table）で構成されていた。この初期型のHACS Mk Ⅰは1931年に完成したが、その後に航空機の高速化や急降下爆撃等にも対応するために285型レーダーと組み合わせたMk Ⅳが誕生した。プリンス・オブ・ウェールズにはHACS Mk Ⅳが搭載されており、5.25インチ高射砲を管制していた。このための目標の測距に使用された285型レーダーは、八木アンテナを計6個（送信用3個、受信用3個）備えた最初の長距離型実用機であった。

　これらのレーダーの主要諸元は、表3のとおり。

表3　プリンス・オブ・ウェールズのレーダーの主要諸元

項　目	279型レーダー	282型レーダー	285型レーダー
搭載数	1	4	4
周波数	39〜42MHz	600MHz	UHF帯域
出力電力	60kW又は70kW	15kW	25kW
パルス幅	7〜30μs	1.5μs	1.7μs
探知距離	65〜95NM	3.5NM	8.5NM
ビーム幅			18度

（2）レパルスのレーダー

　レパルスには273型レーダー（水上捜索レーダー）と284型レーダー（射撃管制レーダー）が搭載されていたが、対空捜索レーダーはなかった。レパルスは、これらを限られた覆域で用いたほか、レーダーを装備していないHACS Mk ⅠとMk Ⅱを活用して対空目標の捜索を行った。

　273型レーダーは、送信機に初めてマグネトロンを用いた水上捜索レーダーであり、10cmのマイクロ波の送信を可能としていた。そのアンテナは

送信用と受信用に分かれており、それぞれを構成するパラボラ・アンテナがランタン型のレドームに収められていた。また、このアンテナは現代のように自動で定速回転するのではなく、手動で目標の方向にアンテナを走査して捜索を行っていたが、約14kmの距離にいる戦艦や、約22kmの潜水艦や低空飛行する航空機を探知することができた。

　射撃管制レーダーである284型レーダーは砲塔の上部に設置されており、巡洋艦や戦艦に対して使用された。

　これらのレーダーの主要諸元は、表4のとおり。

表4　レパルスのレーダーの主要諸元

項　目	273型レーダー	284型レーダー
搭載数	1	1
周波数	2997MHz	600MHz
出力電力	90kW	25kW
波長	100mm	50mm
パルス幅	0.7μs又は1.5μs	1.5μs
探知距離	約20〜40km（戦艦）	10NM
ビーム幅		8度
アンテナ作動形式	手動、約2rpm	固定

４．航空機搭載レーダー

　レーダーを航空機に搭載するためには、地上設置型や艦船搭載型よりも装置を小型にする必要がある。このため、1937年にアメリカで500MHzの周波数を出力することができるマイクロ波用の真空管が開発されたことを契機として、航空機搭載レーダーが発達していった。

　航空機搭載レーダーは、機上から艦船、潜水艦、航空機等を探知するために開発が進められた。イギリスでは艦船や潜水艦を探知するレーダーとしてAI MarkⅠの試作が1937年に完成し、戦艦や巡洋艦を探知することが確認された。これの改良版であるAI MarkⅣは、航空機の夜間戦闘にも使用できる最小探知距離130mのレーダーとなり、イギリス軍のボーファイターやアメリカ軍のP-60に搭載されるようになっていった。

　一方、本書の舞台となるマラヤ及びオランダ領東インドのイギリス軍やアメリカ軍には、これらのレーダーは行き届いていなかった。

❖ 太平洋における電波の戦いとその変化

天貝　崇樹

　本書では、イギリス空軍がレーダーの建設を進めていたものの開戦まで
に整備することができず、日本陸軍航空隊の飛行場にはレーダーが配備さ
れていなかったため、それぞれが敵の空襲部隊の探知に問題があったと述
べられているところ、当時のレーダーの運用状況について補足する。

1.「YAGI」の読み方にみる日本軍と連合軍の差異

　日本のレーダー開発に携わった関係者の記録をめくると度々登場する挿
話がある。

　「『YAGI』は『ヤギ』と読むのか、『ヤジ』と読むのか。」

　このように日本軍の捕虜となったイギリス軍の伍長が尋ねられ、日本軍
の軍人が日本の科学者の名を冠したアンテナの存在を知らないことに驚い
たというものだ。世界有数の技術を持ちながらも活用できなかった日本軍
の先見性の乏しさと日本産業界の力不足による電波関係者の悲哀を象徴す
る「八木・宇田アンテナ」の小咄は、1942年2月に日本陸軍の第25軍がシ
ンガポールを攻略したことに伴い鹵獲したイギリス軍のレーダーGL-Mk2
の調査に由来するものである*1。このGL-Mk2は射撃用レーダーであり、
この時期のヨーロッパの戦場では図1のようにレーダーを早期警戒（対空
監視）以外の用途、すなわち射撃照準に用いることが一般化しつつあった。

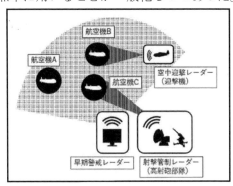

図1　レーダーの用途について
　早期警戒（対空監視）レーダーは、対象
空域（網掛け部）を広く捜索する。
　空中迎撃レーダーや射撃管制レーダー
は、探知距離や範囲（縦線部）は早期警
戒レーダーに劣るが、目標位置をより正
確に特定して、精密な攻撃を可能にする。

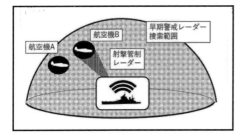

図2 艦艇のレーダーについて
1940年頃より、イギリス海軍では艦艇に早期警戒用と射撃管制用の複数レーダーの搭載が進められた。

　マレー沖海戦で日本海軍航空隊が撃沈したプリンス・オブ・ウェールズには、図2のような早期警戒用と射撃管制用の複数のレーダーが搭載されていた。

　ただし、レーダーによる射撃照準の方が目視に比べて精度が高いとはいえ、1機を撃墜するために約4,000発の銃弾を必要としていたため日本軍の空からの攻撃を退けるには至らず、日本軍もレーダー射撃を脅威として認識することはなかった。レーダーの有無や性能、それら基づく指揮運用が戦闘に大きく影響することを日本軍が悟ったのは、1942年も半ばを過ぎて日本海軍艦艇が高性能の米軍レーダーと対峙するようになったガダルカナル島攻防戦以降のことである。日本海軍がマレー沖海戦で勝利した1941年末の時期には、高い位置にあるアンテナが水平線間際で敵に発見されやすくなると考えられていたことや、高精度の光学照準器と精密な射撃技術による攻撃を重視していたことなどにより、レーダー等の電波装備に対する日本海軍の用兵側のニーズはないに等しかった*2。

　また、ニーズが欠落していただけでなく、レーダー開発に必要とされるシーズとなる技術も日本には不足していた。日本はアンテナやマグネトロン等の世界水準の技術を有していたものの、全般的に工業力が低かったために部品の生産や製品の精度、関連技術に問題を抱えていた*3。さらには、研究を指導する立場にいた将官が、レーダーは闇屋の提灯の如く自艦の位置を露呈するので帝国海軍の伝統である奇襲攻撃にそぐわないと発言する等、日本海軍のレーダーは開発から装備化に至るまで様々な思惑や要因によって翻弄されて完成が大きく遅れた*4。マレー沖海戦の時期に日本の艦船用レーダーは未だ開発途上の段階にあり、その状態で日本海軍は艦艇用レーダーを既に装備していたイギリス軍やアメリカ軍に戦いを挑んだのである*5。

2．日本軍の変化と米軍の進化

　日本海軍は、1942年後半から43年にかけてのソロモン方面での戦いで伝統の奇襲攻撃が通用せず、自軍の艦艇の損害が顕著となったことで、レーダーに対する認識を改めざるを得なくなった。この頃の米海軍は、索敵に加えて射撃照準も可能な精度を有するSGレーダーを使用していた。また、このレーダーによる探知情報を視覚的に理解しやすいPPI（Plan Position Indicator）スコープが普及したことで、米軍艦艇では図3のような戦闘情報指揮所（Combat Information Center）運用が標準化されるようになり、索敵能力に加えて指揮の面でも日米の差が大きくなりはじめていた＊6。

図3　戦闘情報指揮所の例
空中・水上・水中の状況をプロッティング・スクリーンに航跡として表示（手書き）し、通信器材等の現況をステータス・ボードに表して、集約した情報を視覚的に理解できる指揮所の形態が普及したことで、迅速かつ的確な指揮が容易となった。

　艦艇用レーダーの装備化が遅れた日本海軍は、レーダーを装備した米海軍への対抗策を試みている。日本海軍は、1943年にESM（Electronic warfare Support Measures）装置に相当する機器「逆探」を開発し、翌44年にかけて実戦に投入した。この逆探はメートル波を使用する敵レーダーの探知に有効であり、図4のようにレーダーの「電探」と併せて敵艦船の捜索に利用された。しかしながら、日本海軍が逆探を装備した時点で米海軍ではセンチメートル波を使用するSGレーダーが装備されつつあったため、逆探の効果は限定されたものになっていた＊7。

　日本は航空機用の捜索レーダーも開発しており、日本海軍では1942年に航空機用の捜索レーダーである空6号（H-6）を九七式艦上攻撃機に、次いで一式陸上攻撃機等に搭載された。また、日本陸軍も航空機用捜索レーダーのタキ1号を四式重爆撃機に搭載して実戦に投入した。これらにより日本軍は空から電波で米軍艦艇を捜索できるようになったが、この時期の米軍艦艇にはレーダー・ジャミングによって、空中から探知されることを回避する能力が備えられていた＊8。日本の本土防空においても、日本軍

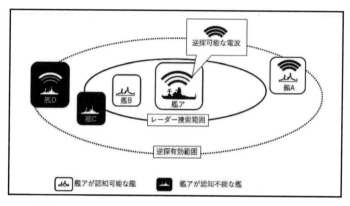

図4　電探と逆探による水上捜索
　　逆探の探知範囲（点線円内）は、電探の捜索範囲（実線円内）よりも広い。
　　艦アが認知できるのは、艦Aの存在する方位と艦Bの方位・距離である。
電波を発しない艦Cや探知対象外の電波を発する艦Dは逆単で認知することができない。

は防空用のサーチライトとレーダーを連動させて高射砲を効果的に運用したが、ほどなくして米軍は爆撃機の危険を減じるために空からのジャミングを実施している＊9。日本軍の地表面と空中からのレーダーを用いた活動は、電子技術で先行する米軍によって効果を封じられたのである。

　日本もレーダー開発と平行して電波妨害の研究を進めていた。結果として実戦に投入できたのは電波欺瞞紙のみであったが、これにより1943年11月のブーゲンビル島沖航空戦で米海軍艦艇を攻撃する際、図5のように先行する爆撃機が電波欺瞞紙を散布して米軍の注意を引きつけることで、別方向から突入した爆撃機や雷撃機による攻撃を成功させている＊10。日

図5　欺瞞紙と雷撃
　1943年11月6日の第4次ブーゲンビル島沖航空戦では、艦船のレーダーを欺瞞紙によって引きつけ、軽巡デンバーに魚雷を命中させている。
　これ以後も、欺瞞紙を散布した上での米艦艇対する攻撃が何度か行われている。

本軍が使った欺瞞紙は錫箔と呼ばれ、今日のチャフに相当するものであり、欺瞞紙の長さとレーダー電波の波長が一定の比率で合致した場合には有効であった。

3.「百発百中の砲」を実現するもの

　太平洋戦争の初期におけるレーダーの有無による影響は索敵能力の差として現れていたものの、それらは作戦や戦術、戦闘員の技量で覆すことが可能な程度のものであった。しかしながら、戦争が進むにつれて米軍がレーダーの開発及び実戦への投入を加速させ、レーダー情報を攻撃精度の向上のみならず迅速な作戦指揮にも反映させるようになると、これらは隔絶した戦闘力の差を生み出し、いかに戦闘員が高い技量を持っていようともレーダーなしの作戦や戦術では太刀打ちできない状況が現出した。そして、日本軍が電波の戦いに開発資源を傾注した頃には、米軍との間に縮めることが困難なほどの格差が生じており、日本軍が投入した電波関連の装備品・兵器の効果は短期的かつ限定的なものにならざるを得なかった。

　開戦の段階において日本のレーダー開発が米国に5年程度の遅れをとっていたことからすると、日本の開発研究者も後追いながら検討したと評価できる面もある。しかしながら、個々の技術者がいかに奮闘しようとも、ドイツから提供された機器や鹵獲した米軍の兵器のリバース・エンジニアリングもままならない脆弱な工業力では、戦いが長期に及べば及ぶほど差が広がることは必然の成り行きであっただろう。

　「百発百中の一砲能く百発一中の敵砲百門に対抗し得る」とは東郷平八郎聯合艦隊司令長官の辞であるが、百発百中が電波によって成し得るものと気付くのが遅れ、かつ戦争を短期で納められなかったことで、日本は「勝ち目」というよりは「負けない目」を失ったといえる。

註
＊1　藤平右近ほか『機密兵器の全貌』原書房、1976年、141頁。
＊2　1939年、森清三技術中尉が艦隊実習ののち、衝突防止するため周囲の目標を電波で確認し得る装備を求める艦隊の要望を伝えたほか、開戦直前に軍令部三課長であった柳本柳作大佐が「電探なくしての戦争突入は無謀の極み」と主張していたが、全般的に用兵側のレーダーに対する関心は低かった。（田丸直吉

『日本海軍エレクトロニクス秘史』原書房、1971年、213頁。藤平ほか『機密兵器の全貌』、108頁。）

*3 岡部金治郎が1927年、分割陽極マグネトロンを世界で初めて開発。アメリカで開発された単陽極マグネトロンよりも高性能で、短波長（波長 3cm、周波数10GHz）の発振を可能とした。1939年には、日本無線電信電話株式会社が銅の厚版を打抜いて造った世界初のキャビティ・マグネトロンM3（波長10cm、連続出力500W、水冷式）を製作し、日本のマグネトロン研究は世界最高水準にあった。

*4 ①闇夜に提灯論は、1936年11月 、海軍技術研究所電気研究部の組織改編の際、部長であった向山造兵少将がこの論をもって、第一科主任・谷恵吉郎造兵大佐の電波による索敵兵器の提案に反対した。（「徳田八郎衛『間に合わなかった兵器』東洋経済新報社、1993年、51〜54頁）
②マグネトロンの専門家であるが、工学的な知見が不足していた伊藤庸二海軍中佐が開発を担当しためレーダーの完成が遅延したことが指摘されている。（田丸『日本海軍エレクトロニクス秘史』、215頁。）

*5 対空監視用の捜索レーダーを陸軍は電波警戒機と呼称したが、海軍では電波探信儀（電探）との名称で開発がすすめられた。

*6 1942年、ワイリー（Joseph Wylie）海軍少佐が駆逐艦用CICハンドブックを作成しレーダー情報等を掌握して指揮するCICのコンセプトを示した。大熊康之『戦略・ドクトリン統合防衛革命』かや書房、134〜135頁）

*7 木俣滋郎『幻の秘密兵器』廣済堂出版、1977年、139〜141頁。

*8 木俣『幻の秘密兵器』142〜145頁。

*9 立花正照『図解電子航空戦』原書房、1986年　41〜42頁

*10 同上、42頁

❖ 日本陸海軍航空の創設期における発展経緯

平山晋太郎

　本書では、日本陸軍航空隊と日本海軍航空隊が全く別の組織として発展し、南方作戦においては戦術レベルでの協力が行われなかったことが指摘されているところ、その背景となる双方の発展経緯について補足する。

解　説

1．はじめに

　日本軍の航空部隊戦力が「陸軍航空隊」と「海軍航空隊」との2本立てであったことは、その戦略及び戦術、技術開発、生産等の各分野に大きな影響を及ぼし、「飛行機の戦争」とも言えた先の大戦の帰趨をも左右した。

　陸海軍航空が分立した理由としては、日本が島国であり日本海を挟んだ西側にロシア（ソ連）と中国、また太平洋を挟んで東側にアメリカと面しているという地政学的条件から陸と海それぞれに特化した航空戦力を要したという事情に負うところが大であるが、創設期からの発展経緯に着目すると、そもそも分立は必然だったとも言える。

2．陸海軍航空隊の生い立ち

（1）飛行機研究のはじまり

　ライト兄弟が1903年に初飛行して以来、飛行機は欧米で急速に実用化が進んだ。そして、1909年にドーバー海峡の無着陸横断飛行が世界的なニュースになった頃には、欧米諸国は飛行機の軍事的可能性を明確に意識するようになっていた。

　日本軍では日露戦争で気球を実戦投入して一定の偵察効果をあげていた。そして、陸海軍双方の少壮士官から飛行機研究の速やかな開始を求める意見が提出されると、日露戦争での気球隊の実績に鑑み、陸海軍大臣の協議により協同研究とすることとされ、1909年7月に「臨時軍用気球研究会」（以下「研究会」）が設立された。

（2）研究会と日本初飛行

　研究会設立の主目的は、「日本国内における飛行機の初飛行」を実現することであった。そのための研究分野及びミッションは多岐にわたったが、まず手始めに日本初の飛行場用地として選定された埼玉県の所沢で施設整備が開始された。次いで、飛行機の操縦術の習得と機体の購入を目的として、研究会所属の陸海軍軍人が欧州に派遣された。この時に陸軍は日野熊蔵大尉をドイツ、徳川好敏大尉をフランスに、海軍は相原四郎大尉をドイツに派遣し、日本初飛行への道筋をつけた。

　1910年12月19日に代々木練兵場において徳川好敏大尉がアンリ・ファルマン機による日本初飛行に成功すると、陸軍は所沢を拠点に操縦や整備の教育、技術の向上、さらには国産機の開発などの取組を進め、これに伴い

研究会の活動は実質的に陸軍中心となっていった。

（3）研究会の分裂と海軍初飛行

　同じ頃の海軍の初飛行への歩みは、相原大尉がドイツ留学中に事故死したことにより陸軍の後塵を拝していた。実際、再度の操縦士要員の欧州派遣として金子養三大尉をフランスに送ったのは、陸軍が初飛行に成功した後となる1911年の春であった。

　また、この頃の海軍では陸上機よりも水上機の導入の方が運用する上で望ましいという要求があったことに加え、研究会が設立当初から陸軍主導で運営されていたことへの不満もあり、独自の飛行機研究を求める声が高まっていた。

　1912年6月、海軍は「航空術研究委員会」を立ち上げて陸軍との協同研究を事実上解消した。同委員会は直ちにアメリカへ要員を派遣するとともに、横須賀の追浜で水上飛行場の建設に着手した。そして、同年11月には金子養三大尉がモーリス・ファルマン機、河野三吉大尉がカーチス機で海軍初飛行を実現した。

　これ以降、海軍は追浜を拠点に操縦教育を行うとともに、輸送船「若宮丸」の水上機母艦への改装と運用研究を行う等、海軍独自の航空軍備を整備していった。

（4）陸海軍航空の初陣とその影響

　陸海軍航空の初陣は、1914年8月の第一次世界大戦への参戦に伴う青島出兵であった。陸軍は臨時航空隊、海軍は若宮丸を母艦とする海軍航空隊をそれぞれ編成し、短期間のうちに飛行機の整備及び武装（機銃及び爆弾投下装置の設置）等の準備を整えて戦場に臨んだ。

　陸海軍の航空隊は、それぞれ要塞上空等の偵察、艦船や市街地への爆撃、ドイツ軍機との空中戦を行い、試行錯誤を重ねながら一定の成果を収めて日本軍の勝利に貢献した。この初陣に際して、陸海軍の航空隊の間では情報共有等の相互協力はみられたものの、戦術的な協同運用は行われなかった。

　そして、青島出兵で実戦経験と運用及び技術面における幾多の教訓と課題を得た陸海軍航空は、その後も戦火が続く欧州での急速な軍事航空の発展を注視しつつ、それぞれの航空軍備の改革に着手することとなった。

3．陸海軍航空の近代化

（1）第1次世界大戦の間の陸軍航空

　陸軍では1915年に所沢で常設の航空大隊が編成され、操縦教育と運用研究が行われるようになると、操縦学生の数が逐次増加し、飛行機の航続距離等の記録も年々更新されていった。その一方で、大戦に伴い飛行機の輸入が困難となった影響により旧式機の使用を余儀なくされ、早期の国産飛行機の開発が求められていたものの、その進捗は思わしくなかった。また、演習での不具合や操縦者の殉職が相次いだことから、運用と開発と製造の担当機関の分立と不統制といったことが陸軍航空の組織的欠陥として問題視されるようになった。

　こうした中で陸軍は、1918年に井上幾太郎少将（後に大将、初代航空本部長）を起用して航空の組織改革を委ねた。井上少将は航空兵科の独立と航空に関する一切の機能を集中させた中央機関の創設を柱とする改革案を提示したが、独立までは時期尚早との上層部の意見により、独立の基盤となる組織改革が優先的に進められることとなった。

　また、同年にはシベリア出兵に伴い航空隊が派遣された。これ以後4年にわたり陸軍航空が寒冷地での運用経験を蓄積したことは、後の大陸作戦の基礎となった。また、陸軍機の開発方針にも大きな影響を与えた。

（2）第1次世界大戦の間の海軍航空

　海軍では、1916年に初の航空隊整備の予算が認められると、航空技術研究委員会を発展解消させる形で横須賀海軍航空隊が発足し、教育と研究と開発を一手に担うことになった。また、同年には中島知久平機関大尉（中島飛行機の創業者）が設計した海軍初の国産機となる横廠式水上機を完成させ、技術面では陸軍に先行するようになった。

　しかしながら、当時の海軍軍備は八八艦隊の整備を最重点としており、これに比して航空関連の予算は微々たるものであった。これに反発した中島大尉は、将来の海軍では飛行機が主力となるのであり、戦艦建造の予算を国産飛行機の開発と生産に回すべしとする「航空主兵論」を提唱して海軍軍備の質的転換を求め、自ら国産飛行機を開発すべく海軍を辞した。

　海軍上層部は、飛行機の価値を軽視していたわけではなかったが、あくまで艦隊の補助戦力とみなしていた。また、飛行機が魚雷で戦艦を沈めるという中島大尉の主張は荒唐無稽と評価するなど、飛行機の攻撃力には期

待を置いていなかった。これに対して航空の現場では、飛行機の技術的進歩により「航空主兵論」の主張が現実のものとなるのは確実であり、それに向けた努力を重ねるべしという空気が極めて濃厚であった。

　この「大艦巨砲主義 vs 航空主兵論」の構図は海軍航空の気風の源泉となり、以後の海軍軍備と運用思想に大きな影響を及ぼすこととなった。

（3）フォール教育団の来日とその影響

　陸軍は、懸案であった最新型の飛行機の導入を1919年にフランスから大量に購入することで解決するとともに、同国のフォール陸軍中佐を団長とする航空教育団を招聘し、あらゆる面で航空の近代化に取り組んだ。これにより、運用面においては、欧州で大戦中に確立された戦闘と偵察と爆撃の各分科が編成され、それぞれのノウハウが丹念に指導された。また、技術面においては、フランス機のライセンス生産契約の締結に伴い、国内民間企業での飛行機の生産が始まったことが陸軍機の国産化の基礎となった。

　これらと並行して組織改革も進んでいった。中央では陸軍省航空課（人事・予算担当）と陸軍航空部（研究開発・航空専門教育担当）を設けることで航空行政を合理化し、その独立性が高められた。また、所沢に陸軍航空学校を創設し、操縦教育と技術研究を担当させることとなった。

　こうした施策は陸軍航空を急速に洗練させ、将来的な空軍創設を意識させるものとなった。陸軍上層部も、地上部隊に密接に協力する大規模な航空戦力の確立という意味において、その方向性を支持した。そして、陸海軍航空を統合する形での空軍創設を海軍に提案することになった。

（4）海軍における空軍否定論

　航空戦力と洋上艦隊との密接な連携を重視している海軍としては、陸軍の空軍創設の提案には飛行機の生産や航空施設の建設に係る経済面での利点は認められるものの、運用面でのデメリットが大であった。このため、海軍には固有の航空戦力が不可欠であるとして陸軍の提案を拒否する態度を示した。

　実際のところ、当時の陸海軍航空の規模は、両者を統合しても陸海軍に伍するような空軍を創設するには僅少であった。また、飛行機の能力も依然として補助兵力の域を脱していなかったため、陸軍内でも空軍創設は時期尚早との意見が多かった。さらには、空軍創設には憲法改正を要することが問題視されたため、この時点での空軍創設は見送られることとなった。

　これ以後の海軍航空は、その運用力と技術力を強化する方向に進み、19
21年にはイギリス空軍からセンピル大佐を長とする教育団を招聘して空母
と艦載機の運用をはじめとする各種のノウハウを積極的に学んでいった。
この経験は、海軍初の正規空母「鳳翔」の建造や国産海軍機の質的向上に
大きく寄与することになった。

4．おわりに

　創設期の日本陸海軍航空は、双方の協議により開始された協同研究を早
々に解消し、それぞれが固有の活動領域における運用法の確立と技術的な
発展を追求した。また、その過程において陸軍航空はフランスを、海軍航
空はイギリスを模範とし、それぞれが異なる影響を強く受けたことは、両
者の質的な分化を加速させることになった。

　こうした陸海軍航空の分立と個別的な能力の強化は、当時の状況を考慮
すれば合理的な選択でもあり、その結果として欧米列強に追随し得る航空
戦力を早期に構築するという創設期の目標は達成できたと言える。その反
面、こうした創設期の取組が陸軍航空と海軍航空を物理的にも精神的にも
全く異質の組織として成長させたことは、国軍全体としての航空戦力の構
築と能力発揮を困難なものとし、平戦両時を通じて容易に協同し得ない状
況を招くことになった。

　陸海軍航空の分立は、その発展経緯からは不可避なものではあったもの
の、その後の歴史の経過を鑑みれば、分立そのものが問題なのではなく、
将来の洞察と大局観に立って両者を調和させて国軍航空として一体的に発
展させる意志と能力を欠いていたところに根本的な問題があったと言える
だろう。

【参考文献】
防衛庁防衛研修所戦史室『戦史叢書　陸軍航空の軍備と運用〈1〉昭和十三年初
　　期まで』朝雲新聞社、1976年。
───『戦史叢書　海軍航空概史』朝雲新聞社、1976年。
秋山紋次郎、三田村啓『日本航空史─黎明期』原書房、1981年。
仁村俊『航空五十年史』鱒書房、1943年。
和田秀穂『海軍航空史話』明治書院、1944年。

❖ 日本陸軍航空隊のドクトリンの発展経緯

由良富士雄

　本書では、日本陸軍航空隊のドクトリンとして「航空作戦綱要」を制定しており、「航空撃滅戦」等が提唱されていたことが述べられているところ、これらに至るまでの発展経緯について補足する。また、これらと併せて基地防空のために配備されていた当時の高射砲の運用状況についても解説する。

1．最初期の陸軍航空運用構想

　日本における航空の歴史は1909年の「臨時軍用気球研究会」の発足で始まったといってよい。この組織は陸軍だけでなく、海軍や大学、民間企業からなる大規模な軍民共同の研究機関であった。その後、海上での航空機等を前提としていた海軍は、1912年に海軍航空術研究委員会を設立して臨時軍用機旧研究会から離脱した。

　第一次世界大戦の軍用航空技術の急速な進歩を目の当たりにした日本は1918年、フランスに教育団派遣を要請、1919年1月から1920年4月までの間フォール中佐（滞在中に大佐に昇任）を長とする教育団が来日し、陸軍を主体に教育を行った。同年に陸軍は、航空部隊発展のため、担当部署として陸軍航空部を発足させた。その翌年の1925年、教育団の教育内容と欧州に派遣した視察員の提言を考慮し、陸軍は陸軍航空部を陸軍航空本部に格上げさせると同時に航空兵を独立した兵科とした。

　この頃の陸軍航空のドクトリンの主眼は地上部隊への協力であった。具体的には、地上部隊の決戦遂行時まで航空戦力を温存し、地上軍の決戦直前から偵察部隊を駆使して把握した敵情を伝達するとともに、決戦が開始されると同時に戦闘機部隊を投入して決戦場上空の航空優勢（当時は制空権と称していた）を相手に取られないようにすることで、地上部隊の決戦に寄与するというものであった。

2．航空撃滅戦ドクトリンの萌芽

　この状況が変わったのは、1931年に勃発した満州事変以降である。この

事変の結果、陸軍は極東ソ連軍と直接対峙することになった。これを重く見たソ連は、革命による国力の衰退が回復したこともあり、極東方面で大軍拡を行った。このときに増強された戦力には大型長距離爆撃機も含まれており、これを沿海州に配備すると日本本土を行動半径に収めることができた。この爆撃機により日本国内の主要港湾や鉄道の結節点を破壊されると、国内に所在する戦力を迅速に動員して速やかに予定戦場へ移動させることで、その速度に劣るソ連軍との戦いを有利に進めようとしていた陸軍の作戦に大きな狂いが生じる恐れがあった。

　このような中で、1933年ごろから考案されたのが「航空撃滅戦」を主体とする運用法であった*1。これは、戦劈頭に朝鮮北部から沿海州に空襲を行い、そこに配備されているソ連軍大型長距離爆撃機部隊とその他の優勢な航空戦力を地上においてその航空基盤毎破壊するというものであった。その後には、航空部隊を中ソ国境付近の大興安嶺山脈北西地域に移動し、欧州方面から増強されるソ連軍と決戦を行うことが企図された。これ以降、この作戦が行えるように航空戦力の要員教育、装備の充実、ソ連軍航空基地の調査等が始められた。

　これらの努力が実を結び始めた1935年、陸軍航空本部は全国規模で航空撃滅戦の遂行能力を検証する特別航空兵演習を行った。その結果、悪天候により行動に制約を受けた他、事故機も多発するという状況であったが、航空撃滅戦をそのドクトリンの中心に据えることについては可能とされた。

　しかし、悪天候への対処等のほかにも対応が課題となる問題点が多かった。1つ目は戦闘機の行動半径の問題であった。爆撃部隊と比較して行動半径が短い戦闘機部隊は、現有装備で航空撃滅戦のような進攻作戦を行うことは困難とし、侵入してくる敵航空戦力の邀撃により、その航空戦力に打撃を与えるという用法を主張した。2つ目は、肝心の爆撃部隊の能力不足であった。本格的な運用教程である「爆撃教育假規定」*2が1934年に制定されたものの、爆撃機の能力不足が否めず、爆撃部隊が主体となる航空撃滅戦の遂行に不安をのぞかせた。このため、戦闘機による邀撃作戦に主体を置くべきか、爆撃隊を中心に据えた進攻作戦に主体を置くか、陸軍航空部内で論争が行われた*3。

　1935年には航空撃滅戦に適応した装備の開発が開始された。これらの航空機は、1937年に「九七式」として採用され始めた。また問題とされた天

候の予測に対応するための航空気象を専門に扱う部隊の設立や、航法に関する研究も開始された。

3. 航空撃滅戦ドクトリンの概成

1937年7月に北支事変、後に支那事変と呼ばれる中華民国との武力紛争が勃発した。その年の11月、陸軍航空本部は航空撃滅戦を主体とした航空運用を記述した「航空部隊用法」*4を制定した。この「航空部隊用法」と当時に中華民国との間で行われていた航空戦の様相は異なる点が多々あったが、相手が国で航空機を開発生産できない中華民国であることを踏まえ、中華民国とソ連の状況を考慮したうえで「航空部隊用法」は陸軍航空から支持された*5。

また、支那事変中には、対ソ戦での航空戦力の沿海州での作戦、その後の大興安嶺周辺の作戦という大規模な機動運用を可能にすべく、航空部隊とそれを支援する飛行場や整備補給部隊（地上支援部隊）を分離するという「空地分離」が現地部隊の反対を押し切って行われた。従来は飛行部隊と地上支援部隊をあわせて飛行連隊という1つの部隊が編成されており、これには飛行部隊と地上支援部隊の関係が深くなり、きめ細やかな整備や補給を受けられるという長所があった。しかし、陸軍航空が見据えた対ソ戦は、緒戦は沿海州での航空撃滅戦、次に大興安嶺山脈北西付近でのソ連軍増援部隊との決戦が考えられていた。つまり、沿海州での作戦を終えたら速やかに大興安嶺周辺に移動しなければならなかった。

飛行部隊の移動はその機動力から迅速に可能であろうが、地上支援部隊の移動は鉄道等を使用せざるを得ず時間がかかる。これでは作戦の要求に応じられないということから、陸軍航空は移動に時間がかかる地上支援部隊を事前に展開させておいて、航空部隊だけ移動するという方法が考えられた。この方法では飛行部隊より多くの地上支援部隊が必要となるが、作戦場の要求を見たし得るという理由から採用された。この空地分離方式は、マレー進攻作戦等の迅速な遂行に大きく寄与することになった。

また、支那事変では中華民国軍の歩兵による対空射撃で燃料タンクを撃ち抜かれて撃墜される事案が発生した。これを重く見た陸軍は、防弾燃料タンクの開発を急ぐことになった。1939年には爆撃機や対地攻撃機（襲撃機）には防弾タンクが装備され、1940年には九七式戦闘機にも防弾タンク

が装備された＊6。爆撃隊は、支那事変開始までは単独で敵地に進入し、爆撃して帰還することを前提としていたが、志那事変での爆撃隊単独進攻は敵戦闘機の迎撃を受けると被害が甚大となることが多かった。このため、爆撃隊が戦闘機隊と共に進攻作戦を行う必要が認められた。

4．航空撃滅戦ドクトリンの完成

　支那事変の戦訓を取り入れつつある1939年に勃発したのが、ソ連との戦いであるノモンハン事件であった。ノモンハン事件での航空作戦は、緒戦におけるソ連軍航空拠点のタムスクに対する戦爆連合の航空撃滅戦、ソ連領内への進攻作戦を禁じられて戦闘機部隊による邀撃に主体を置いた中期の戦闘、末期における航空撃滅戦再興という3期に大別できる。この緒戦における航空撃滅戦の結果、戦闘機による迎撃戦等で優位であったが、ソ連の航空戦力がダメージを回復して続々と増援を送り込み始めると徐々にその優位を失い、さらに操縦者の疲労の蓄積から損耗が増えるという悪循環に陥ることになった。これにより戦闘機隊と爆撃隊の論争の決着がつき、航空撃滅戦を主体に据えた「航空作戦綱要」＊7が制定された。戦闘機隊の邀撃作戦は消極的とされ、積極的な進攻作戦を行うことになった＊8。この「航空作戦綱要」で、陸軍航空は緒戦において進攻作戦を行うこととなった。

　さらに、操縦手の背後を守る防弾装甲が付いたソ連戦闘機の撃墜が困難になったことを認識した陸軍航空は、防弾装甲の早期実用化に着手した。陸軍の作戦機で最も早く防弾装甲を装備したのは、1940年に採用された飛行場や地上部隊への攻撃を目的とした九九式襲撃機であった。その後1942年後半から戦闘機等他の作戦機にも防弾装甲が装備されることになった。

5．防空部隊の概要

　航空撃滅戦の目標となる航空基地を防衛する当時の防空部隊には、大別して口径75mm以上の高射砲と口径40mm以下の高射機関砲が装備されていた。高射砲は、高度4,000m 以上（大戦が進むにつて高度が高くなった）から水平爆撃を行う大型爆撃機を主な目標としていた。高射機関砲は、それ以下の高度から降下爆撃や機銃掃射を行う軽爆撃機等の軽快な航空機を主な目標にしていた。

（1）重高射砲

　1930年代までの高射砲の口径は75mmクラスが主流であったが、同年代後半に開発された航空機は強度的に強くなったほか、より高高度を高速で飛行可能となり、75mmクラスの高射砲での撃墜は困難になってきた。このため、高射砲は90mmクラスのより初速が速く、砲弾の威力や加害半径が大きくなった高射砲に移行した*9。マレーに配備されたイギリス軍の高射砲は大口径化の過渡期にあり75mmクラス（3吋）と90mmクラス（3.7吋）の高射砲の混成であった*10。また、高射砲の射撃は1930年代後半から、個々の砲で目標を照準する（砲側照準）射撃法から、1基の機械式の光学射撃管制装置で目標をとらえて予想要撃点を計算し、その計算結果が送られた4〜6門の高射砲の個々の操作員が砲を操作し、全部の砲を指向できた時点で一斉射撃するという方式に変化し始めた。これは、個々の砲で目標を照準した場合、発砲の振動で照準器が狂う可能性や、照準器の操作員が発砲の衝撃で正確な照準をしにくいという問題の解消を目指したものであった。どちらの射撃法も1度に狙うことが出来る目標は1機でしかないため、爆撃機隊の照準爆弾投下を担当する指揮官機を狙うことで、爆撃精度の低下を図っていた。

　また、予想要撃点の計算時の機械的誤差、次に掲げる時限信管の精度等から、高射砲の砲弾が目標を直撃することは稀であっため、予想要撃点で砲弾を破裂させ、その際の爆風や弾片により敵機を撃墜しようとした。当時は砲弾発射時の強烈な重力に耐えられるような時計は存在せず、発射時の重力で信管の中に仕込まれた導火線を点火させ、その導火線の燃える長さで時間を設定する曳火信管が使用されていた。この導火線を燃やす構造は、設定できる時間が限られており（大口径砲弾につけた曳火信管の方が、大きい分だけ、導火線を長くとれ、長時間の設定ができる）、高空では火が消える。このようなことから、対空射撃の有効射高や有効射程は、曳火信管の設定可能時間に大きく左右されていた。

　この時期、イギリスやアメリカでは機能別のレーダーが開発されていたが、この頃のレーダーには直接射撃を行うだけの精度がなく、夜間にレーダーで探知した方向に探照灯を向け、探照灯の少し広がった光芒で目標をとらえ、それを光学式射撃管制装置で捕捉して射撃していた。これに対して当時の日本陸軍の高射砲の口径は75mm（八八式七糎野戦高射砲）で、射撃

管制装置の生産の遅延から砲側照準が主用されていた。その後、要地防空用の固定式高射砲は90㎜に移行したが（九九式八糎高射砲）、野戦用の移動式高射砲は75㎜が採用されていた。また、レーダーの実用化に遅れていたため、夜間侵攻してくる目標に対しては聴音機で大まかな方向を把握して探照灯を向け、その光芒の中に目標をとらえて射撃を行った。

（２）軽高射砲（高射機関砲）

　イギリスやアメリカ軍が使用したスウェーデンのボフォース社製の40㎜高射機関砲（初速約900m、有効射高3,000m、砲弾重量950g）は、降下爆撃を行う軽爆撃機や低空で侵入してくる敵機の迎撃に大戦全期を通じて有効であった。距離と移動角度から射撃位置を計算する簡易式照準器若しくは操作員が目測で射撃を行う環状照準器を持ち、水平方向担当する旋回手と砲の仰角を担当する俯仰手が協力して照準していた。このため、この2人の連携の良さが命中精度に直結した。また、高射機関砲は発射速度が120発／分と大きく、射手が射撃しながら曳光弾（砲弾の後部に火薬を仕込みそれが発火、煙を引くことで弾道が見えるように工夫された弾丸）の弾道を目標へ修正することで直撃が期待できた。このため1発1発の砲弾の破壊力が重要になった。

　日本陸軍の高射機関砲は1人で操作する口径20㎜の単装機関砲であった（砲弾重量200g 以下）。日本でも陸海軍が緒戦において鹵獲したボフォース式40㎜高射機関砲の量産が試みられたが、使用されていた技術が高度なものであったため、1945年になって生産の目途が立ったものの（五式四十粍高射機関砲）、ほとんど装備されることがなかった。この実用的な40㎜クラスの高射機関砲を装備できなかったことも、大戦後半の防空戦闘（特に海上戦闘）を困難なものにした一因であった。

註
*1 昭和八年一学年　阪口航空兵少佐述「航空戰術（圖上研究）講義録」陸軍大学校、防衛研究所戦史研究センター史料室蔵に開戦時の航空運用についての設問があり、その解答が敵航空根拠地の覆滅等に拠り敵航空戦力を破壊するとあることがその傍証。
*2 「爆撃教育仮規定に関する件」JACAR（アジア歴史資料センター）（以降アジ歴と表記）Ref.C01004106200、昭和10年。

＊3　昭和十年第二、三学年　阪口航空兵中佐述「航空参謀要務講授録」陸軍大学校、防衛研究所戦史研究センター蔵、16〜17頁。

＊4　「秘密書類調製配布に関する件」アジ歴Ref.C01007657400、昭和12年。

＊5　「実戦の経験に基く教訓及意見送付の件（1）」アジ歴Ref.C04120786300、昭和14年。

＊6　以降、防弾に関する事項については、由良富士雄「作戦機の防弾装備における陸海軍の相違」、『軍事史学』第46巻第4号（平成23年3月）参照。

＊7　「航空作戦綱要制定上奏の件」アジ歴Ref.C01004848400、昭和15年。

＊8　「軍事極秘書類調製配布に関する件」アジ歴Ref.C01004921700、昭和15年。

＊9　当時使用された高射砲の性能は「九九式小銃外4点仮（準）制式制定及陸軍技術本部研究方針追加の件」（アジ歴Ref.C01004909300）の中の「議題7　九九式八糎高射砲準制式制定ノ件」に詳しい。ドイツ軍が使用した高射砲は大別すると、128mm、105mm、88mmの3種であるが、Donald Nijbore, German Flak Defences vs Allied Heavy Bombers 1942-45, Osprey Pb. , 2019. , P36.によると128mm高射砲が1機を撃墜するのに使用した砲弾は約3,000発とされる。105mm高射砲の所要弾数6,000発の半分であった。さらにもっとも古い88mmFlak18と比較するとその所要弾数である約15,000発と比較すると1/5であった。砲の口径が大きくなるほど、威力が大きくなり、所要弾数が少なくなることが判る。

＊10　ドイツ空軍の攻撃をはねのけたマルタ島に配備された高射砲は90mmクラス（3.7吋）と112mmクラス（4.5吋）の混成に強化されていた。

❖ 日本海軍の用兵思想

伊藤　大輔

1．海軍航空の発展

　西南戦争において熊本城が西郷軍に包囲された際、陸軍は、城内の偵察と連絡手段を確保するべく気球を用いようと考えたが、その知見を有していなかったため、海軍に依頼した。これを受けて海軍は、1877年5月に麻生武平大機関士を主任として2個製造した。実戦では使用されなかったが、ここに海軍航空の歴史は始まった＊1。

　実際の海軍航空発展の嚆矢は、1909年3月の軍令部第2班員山本英輔少佐（のち大将）による意見書である＊2。「従来は単に海上のみであった平面

戦術も、数年ののちには空中、水中の戦闘をも加えてまさしく立体戦術を招来するに至るのである。」との考えから、天象気象、航空図の作成、飛行器（飛行船のこと）及び凧式空中飛行器（飛行機のこと）の研究の必要が訴えられた。この意見書は、班長山屋他人大佐に認められた後、斎藤実海軍大臣に採用された。斎藤海軍大臣と寺内正毅陸軍大臣による陸海軍協同研究に向けた懇談の結果、1909年7月30日、予算取得され、陸海軍、帝国大学及び中央気象台による臨時軍用気球研究会が設けられた＊3。しかし、陸軍色の強い同会について海軍としては期待し得るものが無く、水上機の研究と共に性能の優れた陸上機をも併用する必要があるので航空母艦を計画すべき時期が近づきつつある情勢に鑑み、海軍独自の研究のため、1912年6月、航空術研究委員会を設置し海軍航空の実質的発展が始まった＊4。1914年9月、第一次世界大戦への参戦に伴い、膠州湾外で対ドイツ航空作戦を実施した後、1916年の第37議会で航空隊設備予算が初めて承認され、3月に海軍航空隊令発布、4月に横須賀海軍航空隊が海軍航空部隊として初めて誕生した＊5。1920年には、第一次世界大戦の実績に鑑み、航空隊17隊計画が認められ、1923年までに概成するための予算が成立した＊6。

　海軍航空が急激に発展したのは、第一次世界大戦後の軍縮条約によってである。大戦後の不況と1923年9月の関東大震災によって財政難の我が国は海軍軍備の造成が遅れることになるが、1922年2月のワシントン条約の制限内で主力艦の劣勢を補うため、航空母艦赤城、加賀の建造、1万トンの航空補給艦（航空母艦のこと）の建造、1万トンの巡洋艦、無制限の駆逐艦及び潜水艦の補充を進めていった。日本海軍は、先の航空隊17隊計画と航空母艦の増勢、特に、補助艦艇のなかでも巡洋艦と潜水艦によって劣勢の主力艦を補い、極東海面において英米のいずれか一方の海軍武力に対抗することとした＊7。

　1927年6～8月のジュネーブ軍縮会議が不調となった後、1930年4月にロンドン条約が調印された。これにより、主力艦の代換起工を1936年12月31日まで延長、航空母艦はトン数に関係なく制限、巡洋艦、駆逐艦、潜水艦の保有トン数制限が決定した。ワシントン条約における劣勢の切り札であった航空母艦、巡洋艦及び潜水艦のいずれもが制限されたことにより、爾後の海軍軍備をはなはだしく困難にさせた＊8。この劣勢を補うために、日本海軍は、1932年8月の第二次軍備補充計画において、航空兵力の画期

的増強に踏み切り、陸上基地に展開する陸上攻撃機を含む、航空隊39隊体制が整備されることとなった*9。ここに、本書の主役機の一つである中型陸上攻撃機（中攻）が、航空母艦保有量制限による搭載機数の不足を補い艦隊決戦に用いる重要機種として誕生するのである*10。

2．用兵思想と戦略の階層

　用兵とは、一般的には大にすれば国軍の運用、小にすれば大小団隊を指揮することとされるが*11、19世紀から20世紀前半の士官教育に影響を与えたロシア皇帝の侍従武官を務めた仏国のブルノ将軍の研究によると、指揮官が歴史上の名将の用兵に共通する一定の原則（Science）を踏まえて、自らの将帥術（Art）によって軍隊を統率して、戦いに勝利する又は負けないために運用することである*12。この用兵を迅速かつ、忠実、そして機能的に実行しうる軍隊を編成し、軍人を教育するために、各国では典令範が整備されていった。

戦略の階層

米統合ドクトリン、米空軍ドクトリン、英空軍ドクトリン、NATOドクトリン、草野大希『アメリカの介入政策と米州秩序』東信堂、2011を基に筆者作成

　用兵は、指揮命令系統の階層構造における指揮官の位置によって空間的、時間的な範囲が異なっている。この指揮命令系統は組織ごとに相違がある一方で、指揮官の位置と併せることで戦略の階層を用いて整理できることから、本稿では戦略の階層（前頁図）を用いて海軍航空の用兵について論じる。（紙幅の都合上、階層毎の定義は省略する。）

3．開戦時の日本海軍の用兵思想

　1907年4月に決定された「日本帝国の国防方針（帝国国防方針）」、「国防に要する兵力（陸海軍の常備兵力量）」及び「帝国軍の用兵綱領（用兵綱領）」は、第一次世界大戦末期の1918年に第一次補修改訂、ワシントン条約に関連して1923年に第二次改訂、満洲国建国と軍備制限条約失効に備えて1936年に第三次改訂が行われた＊13。また1940年7月の第二次近衛内閣発足早々に決定された「基本国策要綱」及び「世界情勢の推移に伴う時局処理要綱」は、日華（支那）事変から大東亜戦争への発展の契機となった＊14。

　対米英蘭との開戦前の国際情勢へ対処するための方針と要領は、1941年7月「情勢の推移に伴う帝国国策要綱」として、その細部が1941年9月と11月「帝国国策遂行要領」として御前会議で決定されている＊15。これらに基づき、大本営海軍部の命令及び指示として1941年11月5日に最初の大海令及び大海指が発せられ、同日、聯合艦隊命令が発せられた＊16。

　これらを戦略の階層で見てみると、大戦略、国家安全保障戦略では、日華事変の解決と（南方地域の資源および市場の獲得による）自存自衛を図るため、機先を制して南方へ進出し、大東亜の新秩序を建設しようとしていたことがわかる。これは、長期持久戦を遂行するために、先制奇襲を行うという方針である。

　国防戦略では、極力1カ国のみを相手に攻勢をとり極東、東亜及び東洋の敵を撃破して根拠地を覆滅した後、本国から来航する敵艦隊を艦隊決戦により撃滅することと併せ、必要に応じて敵地攻略および占領するとあるが、敵軍に対する戦場での勝利に続く長期持久、不敗の態勢の確立に向けた具体的な方策が書かれておらず、上位の大戦略・国家安全保障戦略と下位の海軍戦略を繋げる役割を果たしていない。実際、用兵綱領、作戦計画は、この戦争初期のみについて計画し、その後の持久戦争については「臨機これを定める」ことにして、あまり具体的な検討はされなかった＊17。

海軍戦略と海軍作戦では、在東洋の敵艦隊及び航空兵力の撃滅、航空基地の占領及び整備による航空兵力の前進という作戦方針が明確となっているが、これらは艦隊決戦のためのものであり、開戦前の日本海軍は、南方要域の占領と敵艦隊の撃滅によって敵国民の戦意を破摧（粉々に砕くこと）できると考えていた。

なお、帝国国防方針の第三次改訂の主務者であった中澤佑中佐（のち中将）は、大東亜戦争の敗因の一つとして、「用兵綱領には、米、ソ、支、英の内の一カ国を相手として開戦することがあっても二国同時作戦を実施することは容認していなかった。」として、「多年陸海軍統帥部が練り上げて作り允裁を得た国防方針、用兵綱領を全く無視し、戦争の終末点についても確乎たる目算なくして戦争に突入した」と分析している*18。

4．中攻と零式艦上戦闘機

航空軍備の目標を明確にするため、軍令部から技術当局に対して、航空機試製計画上の根拠として「航空機機種および性能標準」が示された*19。開戦に影響を与えた1936年6月5日附で軍令部より海軍省へ商議された「航空機種および性能標準」の概要は、次頁表のとおり*20。

この性能標準に基づいて、海軍省の外局である海軍航空本部で計画要求案が纏められ審議されたのが、十二試陸上攻撃機（のちの一式陸上攻撃機）と十二試艦上戦闘機（のちの零式艦上戦闘機）である。

（1）一式陸上攻撃機

日本海軍の基地航空部隊は、他国に例の無い我が国独自の軍備であり*21、その中心的兵力は、中攻と略称された双発中型陸上攻撃機（九六式陸上攻撃機、一式陸上攻撃機）である*22。

中攻の生みの親は、山本五十六元帥のように語られることがあるが、実際は1931年10月に航空本部長に就任した松山茂中将である。当時、松山航空本部長は、航空機によって敵主力が遥かに決戦圏外を行動する時機において先制覆滅する要があると考え、航空本部技術部長の山本五十六少将を招き、遠距離攻撃機実現の可能性について研究を命じた*23。山本技術部長の下、計画主任の和田操中佐（のち中将）は設計技術の経験から飛行艇の型式では直接艦隊作戦に協力する攻撃機になりえないとして、陸上機の型式ならばその可能性があると判断して意見具申し、それが軍令部側の同

	艦上戦闘機	陸上攻撃機
使用別	航空母艦（基地）	基　地
主要任務	①敵攻撃機の阻止撃攘 ②敵観測機の掃蕩	①敵艦艇撃破 ②捜索偵察
座席数	1	7又は6
特　性	速力及上昇力優秀にして、敵高速機の撃攘に適し、且つ戦闘機との空戦に優越すること	速力なるべく大にして操縦性は雷撃動作に適すること
航続力	正規満載全力一時間	過荷重：1,300浬以上 爆弾・魚雷非搭載：2,500浬
搭載兵器	20mm×1〜2、1の時は7.7mm×2	1.5t魚雷又は1.5t爆弾、旋回銃×3
実用高度	3,000mないし5,000m	2,000m
記　事	①離着艦性能良好なること。離艦距離合成風速10m／秒にて70m以内 ②増槽併用の場合6時間以上飛行し得ること ③促進可能なること ④必要により30kg爆弾2ケ携行することができる	①長時間飛行容易なること ②夜間飛行容易なること ③離陸促進装置、着陸制動装置の使用に適すること ④無風過負荷時離陸促進装置使用せず2,600m以内にて離陸しうること ⑤燃料半載にて減軸飛行可能なること ⑥自動操縦装置装備

意を得たので七試大攻（九五式陸上攻撃機）の試作命令となった。

　九五式陸上攻撃機の延長線上に、沿岸偵察遠距離索敵を実施できる双発中型の陸上機として、1933年初頭、三菱に専ら長航続距離を目標とした八試特偵の設計が命ぜられた*24。この成功によって設計されたのが、九六式陸上攻撃機である。陸攻部隊では、九六式陸上攻撃機は全金属性のうえ、性能優秀で、中国の国民政府軍の戦闘機位は物の数ではなく、追尾の銃弾等では三十度以下の交角では跳弾となり、全然被害は起きないだろうと考えられていた*25。

　これを打ち砕いたのが、1937年8月9日の上海事変に端を発する日華事変の拡大である。帝国臣民の保護、支那軍の撃滅、敵航空兵力の撃破、敵艦

隊の撃滅、帝国陸軍の海上護衛及び一部輸送を発令した大海令第13号（19
37.8.14）により＊26、第一聯合航空隊隷下の木更津航空隊及び鹿屋航空隊
の中攻38機が展開したが、8月21日までの作戦で13機が撃墜され、3機が
海没又は大破した＊27。この損害水準は、同様の損害が続けば完全に部隊
が消滅する水準である＊28。

　この結果を踏まえて、1937年9月18日、海軍航空本部技術会議第一分科
会（会長・技術部長杉山俊亮少将）において、後継機となる十二試陸攻計画
要求書案審議が行われた。計画要求書の中の力説点として「敵弾に依る火
災防止を強調す」が挙げられており、日華事変での中攻の被害を間近に見
た大西瀧治郎大佐（のち中将）は防弾の必要性を訴えた＊29。これに対して、
技術部長の櫻井忠武少将（のち中将）は、発動機の馬力に制限され重量増
により航続距離が減少すること及び機体構造上の問題から、防弾タンク等
の処置は難問であると回答した。激論の結果、当面、防弾に適した技術が
ないため十二試陸攻を軽量化して速度性能等を向上させること、20ミリ機
銃を尾部に搭載すること、掩護機を随伴すること、炭酸ガスによる消火装
置を設置することなど、搭乗員の士気にも関することから今後も検討する
こととなった。

　その後、海軍と三菱重工業の第一回打ち合わせにおいて、主務者の本庄
季郎技師は、「海軍の要求項目は、軍用機としての強さが不充分のように
思う」として、防弾の可能な四発機の設計案を紹介した。しかし、前述の
審議会の列席者でもあった海軍航空技術廠長和田操少将は、「用兵につい
ては軍が決める。三菱は黙って軍の仕様書通り双発の攻撃機を作れば良い
のだ。」と大変な剣幕で反駁した＊30。終戦時、海軍航空技術廠飛行機部に
在籍していた長束巖少佐は、「今、考えてみると、この一瞬は我々の関係
した中攻の歴史、もっと大きく言いますと海軍航空の歴史が動いた決定的
な一瞬であった」と述べている＊31。

（2）零式艦上戦闘機

　十二試艦戦計画要求書案が、三菱、中島に内示されたのは、1937年5月
15日である＊32。その後、三菱、中島へ研究質問、日華事変が7月に勃発
（計画書作成後に勃発したため、要求が追加修正された。）、8月に同機の担当者
であった航空本部の和田五郎機関少佐（のち大佐）が堀越二郎技師を招き、
基本的事項について詳細に渡り意見交換している＊33。1937年9月に三菱九

六式艦上戦闘機が制式採用された直後、その後継機として、前号の十二試陸上攻撃機と同日に審議された*34。

　この審議において、発動機の選定、最高速度、着陸速度及び航続距離の優先順位、7.7mmと20mmの機銃弾数で議論が交わされた。特に、最高速度問題である。270ノット（500km/h）とするか280ノット（519km/h）とするか。航空本部技術部長の櫻井忠武少将は、米国 NACA（国家航空諮問委員会）報告を見ても280ノット以上は難しいと考えているので、「まあ270ノット以上位で宜しいと思う」としたが、運用側の航空廠飛行機部長広瀬正経少将（のち中将）は、1、2年後の戦闘機として考えると遅いと発言。十二試艦戦の主担当者である和田五郎機関少佐は、着陸速度を58ノット（107km/h）から62ノット（115km/h）へ上げれば280ノットは実現できること、また、航続距離600浬（1,111km）を確実にするには、燃料搭載量の関係上、280ノットは厳しいことを回答した*35。この意味するところは、航空機の異なる特性の折り合いをどこで図るかということである。

　更に、中村止機関大佐（のち中将）は、20mm機銃の搭載の早期実現を要望した。これに伴って、機体重量問題とともに、7.7mmと20mm機銃の弾数をそれぞれ300発、75発とするか、450発、60発とするかの問題が議論され、結果として後者に決した。この他、単座機で長距離進出し帰投するため、重量増となるが、無線帰投や包囲測定、受話器等の装置を搭載する。翼の強度上、30kg爆弾を搭載できるようにする等が決定した。この計画要求書を基点として、1938年1月の十二試艦上戦闘機官民合同研究会、1938年4月の計画説明審議会を経て*36、1939年9月14日に一号機が海軍に領収され*37、1940年7月15日、最初の6機が中国大陸に進出した*38。

　零戦の戦い方として、本書では「ひねり込み」戦法が取り上げられている。この戦法は、源田實大尉（のち大佐）の率いる日本の編隊アクロバット飛行チーム「源田サーカス」の一員であった望月（旧姓・伊藤）勇一空曹が発案したとされる*39。ひねり込みは腕力のない者にはできない戦法であり、機首の引き上げ時に撃たれる危険が少なくなかった*40。実戦において技量優秀者は、ひねり込みそのものより、ひねり込みの要素であるロールや横滑りによって敵機を回避して生存率を高めたともある*41。

　以上のとおり、日本海軍の用兵思想に基づき、一式陸上攻撃機と零式艦上戦闘機は、長大な航続力を最優先として低速域での操縦性、強力な航空

兵装も要求され、それらを実現していることがわかる。

5．マレー沖海戦の戦訓と航空戦教範草案

　第二次世界大戦開戦以降、1939年9月から1941年11月末までの間に、12隻の戦艦、巡洋戦艦及び航空母艦が沈没している。1940年11月12日、タラント軍港に在泊中のイタリア戦艦3隻が英国のソードフィッシュ艦上攻撃機による夜間攻撃で撃沈された。1941年5月27日、独国戦艦ビスマルクは、英国戦艦プリンス・オブ・ウェールズ、駆逐艦及びソードフィッシュ艦上攻撃機による攻撃、その後の戦艦キングジョージ五世、ロドニー及び巡洋艦ドーセットシャーによって撃沈された＊42。つまり、1941年12月10日のマレー沖海戦まで、実戦において航空戦力が単独で航行中の主力艦を撃沈したという戦例は存在しなかったのである。

　米、英、蘭に対する開戦後、日本海軍は全研究機関等を動員して戦訓調査委員会を設けており、航空に関する兵術等の調査研究は横須賀海軍航空隊に主担任させた＊43。その成果の一つが、元山海軍航空隊の戦闘詳報を基にして纏められた＊44、1942年9月の「大東亜戦争戦訓（航空）第2篇（馬来沖海戦之部）」である＊45。本戦訓では、「航空機の艦隊に対する攻撃威力の大なるを実証せるものであり、海上戦闘の主力は戦艦なりとする従来の用兵思想並びに之に基づく軍備計画は本海戦及びハワイ海戦の成果に鑑み根本的検討を要するものと認む」とある。また、海上部隊が「航空部隊の攻撃に策応進撃するの気魄に乏しく若し航空部隊の攻撃効果不徹底ならんには敵を逸せんこと必定なり」として、海上部隊が航空部隊頼みで拱手傍観していたことを非難している。

　ただし、本戦訓では、航空部隊による戦訓調査であるにも関わらず、敵主力艦が準備不足であったこと＊46、敵戦闘機が敵艦隊上空に存在していなかったこと等を考慮に入れていない。それ故、味方戦闘機による直掩の重要性への言及がなく、昼間強襲時の被害についても楽観的結論を導出している。

　1943年3月に纏められた「大東亜戦争戦訓（航空）第4篇（進攻作戦に於ける基地航空戦之部）」では、進攻作戦における主兵は一般に基地航空部隊であるとして、日本海軍の航空撃滅戦思想が表明されている＊47。この戦訓では、航空基地間の戦闘における航空撃滅戦の主兵は戦闘機であるとしつ

つ、大中型機の行動半径益々増大する趨勢に対し戦闘機の進攻可能距離には自ら限度があるため、洋上基地航空戦に於いては大中型機隊に依る単独遠距離攻撃実施の必要があるとされた*48。また、基地航空作戦に於ける使用兵力特に戦闘機と爆撃機の比率は、彼我の状況、特に航空兵力及び航空基地の情況一般、戦況並びに天候等に応じて最も適切な戦法を選択するよう定めなければならない。そして、開戦に際しては、奇襲によって航空撃滅戦を行うことから、作戦計画に従い、主作戦基地、前進基地、中継基地、避退基地を適切に選択し整備し、之に隠密裡に兵力を展開しまず以て有利な航空戦態勢を作為し航空決戦配備に万全遺憾なきこととある。さらには、戦闘機の全能を発揮できる距離は300浬（556㎞）。防備厳重で有力な航空兵力を要する敵要地攻略距離は250浬（463㎞）、戦況によっては戦闘機隊進攻の限度500浬（926㎞）、中間不時着場がある場合は600浬（1,111㎞）が適当との結論も示されている。本戦訓で戦闘機の運用範囲の限度が示されたにも拘らず、1944年6月のマリアナ沖海戦では約400浬（741㎞）のアウトレンジ戦法を採用して惨敗した*49。

　航空母艦搭載機の夜間洋上行動力及び飛行機に搭載する九一式魚雷の運用法が飛躍的に発展した1934年以降、日本海軍の航空作戦における一貫した用兵思想は、それまでの主力艦決戦に策応する補助戦力としての運用から脱皮した、攻勢対航空を主体とした航空撃滅戦である*50。航空撃滅戦とは、艦隊主力の決戦に先行する敵航空母艦への先制空襲を重視し、まず敵空母を撃破して制空権を獲得した後、主力の決戦に臨まんとするいわゆる航空決戦のことである*51。航空決戦とは、航空兵力によって、攻略に阻害を及ぼすべき敵航空及び海上兵力の撃滅又は駆除、重要防備破壊等のことである*52。

　マレー沖海戦で世界に先駆けて、航行主力艦隊を航空機のみで撃滅するという偉功を立てたにも関わらず、海軍航空作戦の用兵思想（航空撃滅戦）は終戦まで、艦隊決戦の前の航空決戦か主力艦決戦時の策応かの問題に終始し、艦隊決戦の枠組みを脱することができなかった。航空主兵論を唱える場合、大艦巨砲主義、戦艦無用論となる傾向があるが、第二次世界大戦において、艦隊防空及び情報通信という点で戦艦は極めて有効であった。開戦後に竣工した戦艦は日本海軍2隻に対し、米国海軍は8隻であり、しかも真珠湾攻撃で沈没した6隻のうち4隻を戦列に復帰させ空母随伴兵力

としている*53。日本海軍は、1942年7月14日の戦時編制の一部改訂によって第三艦隊を新編し、空母5隻に戦艦2隻、重巡洋艦5隻、軽巡洋艦1隻、駆逐艦16隻を随伴させて警戒兵力を増強した*54。しかし、新戦策は接敵時に戦艦や重巡を100浬（185km）以上前衛として進出させるとしており*55、艦隊防空運用を考慮していなかった。日本海軍が艦隊防空能力を重視して輪形陣を初めて採用したのは、1944年6月のマリアナ沖海戦である。この輪形陣が研究改善されて効果を発揮したのは、1944年10月のレイテ沖海戦であった*56。

　日本海軍は、艦隊決戦思想の枠組みの中で航空主兵論と大艦巨砲主義が争っていたに過ぎず、航空と艦艇の統合作戦能力を十分に発揮できないまま終焉を迎えた。この事実を前にすると、海軍航空の不振の原因は、大艦巨砲主義ではなく、最後まで固執した艦隊決戦思想にあったのだと考えられる。

註

＊1　和田秀穂『海軍航空史話』明治書院、1944年、4頁。

＊2　桑原虎雄『海軍航空回想録草創篇』新聞同人社、1968年、26〜30頁。

＊3　秋山紋次郎、三田村啓『陸軍航空史―黎明期―』原書房、1981年、13〜14頁。

＊4　桑原虎雄『航空術研究委員会時代』海空会、1960年、6頁。

＊5　永石正孝『海軍航空隊年誌』出版協同社、1961年、10〜11頁。

＊6　日本海軍航空史編纂委員会編『日本海軍航空史（2）軍備篇』時事通信社、1969年、9頁。

＊7　防衛研修所戦史室『戦史叢書　海軍軍戦備〈1〉』朝雲新聞社、1969年、351頁。

＊8　同上、394頁。

＊9　日本海軍航空史編纂委員会編『日本海軍航空史（2）軍備篇』時事通信社、1969年、47〜51頁。

＊10　巌谷二三男『中攻』出版協同社、1956年、34頁。

＊11　戦略研究学会編集『戦略・戦術用語事典』芙蓉書房出版、2003年、29頁。

＊12　Burnod et Husson, "*Maximes de guerre et pensées de Napoléon Ier (5e ed.),*" 1863, pp. 8-9..　本書は第5版である。初版は1847年、戦いの原則のみは1827年に出版されている。

＊13　防衛研修所戦史室『戦史叢書　海軍軍戦備〈1〉』朝雲新聞社、1969年、59

頁。

＊14　服部卓四郎『大東亜戦争全史』原書房、1996年、16頁。

＊15　実松譲編『現代史資料（35）太平洋戦争（二）』みすず書房、1969年、121〜125頁。

＊16　同上、131〜132頁、135〜186頁。

＊17　防衛研修所戦史室『戦史叢書大本営陸軍部〈1〉』1967年、394頁。

＊18　中澤佑刊行会『海軍中将　中澤佑』原書房、1979年、206〜207頁。

＊19　日本海軍航空史編纂委員会編『日本海軍航空史（1）用兵篇』時事通信社、1969年、401頁。

＊20　日本海軍航空史編纂委員会編『日本海軍航空史（3）制度・技術篇』時事通信社、1969年、別表第四。

＊21　他国では通常、陸上攻撃機は陸軍又は空軍が担っている。中攻と同様の双発機は、米陸軍B-25、英空軍ヴィッカース・ウェリントン等がある。B-25は後に、米国沿岸部の掃海索敵任務のため米海軍でも運用された。『世界の傑作機No.51 B-25ミッチェル』文林堂、1995年、53頁。

＊22　日本海軍航空史編纂委員会編『日本海軍航空史（1）用兵篇』時事通信社、1969年、240頁。

＊23　海軍中攻史話集編集委員会『海軍中攻史話集』中攻会、1980年、28頁。

＊24　三菱重工業『三菱重工業株式会社製作飛行機歴史（海軍関係飛行機）』1957年、119頁。

＊25　海軍中攻史話集編集委員会『海軍中攻史話集』中攻会、1980年、127頁。

＊26　日本海軍航空史編纂委員会編『日本海軍航空史（4）戦史篇』時事通信社、1969年、197頁。

＊27　巌谷二三男『中攻』原書房、1976年、39頁。

＊28　Mark Kelly, "Acceptable risk level ," *USAF Flying Safety Magazine*, (Apr 2004), pp.11-12.

＊29　海軍航空本部「海軍航空本部技術会議第一分科会報告書」防衛研究所図書館所蔵、1937年、3〜13頁。

＊30　海空会編『海鷲の航跡』原書房、1982年、56頁。

＊31　中攻会編『海軍中攻隊、かく戦えりヨーイ、テーッ！』文藝春秋、665頁。

＊32　小福田晧文『零戦開発物語』光人社NF文庫、2003年、177頁。

＊33　堀越二郎、奥宮正武『零戦』日本出版協同、1953年、68頁。

＊34　海軍航空本部「海軍航空本部技術会議第一分科会報告書」防衛研究所図書館所蔵、1937年。

＊35　同上、5〜6頁。

＊36 堀越二郎『零戦の遺産』光人社NF文庫、2003年、75〜78頁。

＊37 堀越二郎、奥宮正武『零戦』日本出版協同、1953年、121頁。

＊38 横山保『あゝ零戦一代—零戦隊空戦始末記』光人社NF文庫、2005年、113頁。

＊39 神立尚紀『証言零戦生存率二割の戦場を生き抜いた男たち』講談社＋α文庫、2016年、94頁。

＊40 赤松貞明「日本撃墜王」『今日の話題戦記版』第三集（1954年11月）33頁。

＊41 例えば、小高登貫『あゝ青春零戦隊』光人社NF文庫、1993年、102頁、土方敏夫『海軍予備学生　零戦空戦記』光人社NF文庫、2012年、106頁。

＊42 M・ミドルブック、P・マーニー『戦艦　マレー沖海戦』早川書房、1980年、39〜40頁。

＊43 防衛研修所戦史室『戦史叢書　比島・マレー方面海軍進攻作戦』朝雲新聞社、1969年、492頁。

＊44 「元山海軍航空隊戦闘詳報其ノ七（馬来部隊第一航空部隊甲空襲部隊）（馬来沖海戦）」防衛研修所戦史室、1941年。

＊45 戦訓調査委員会航空分科会「大東亜戦争戦訓（航空）第二篇（馬来沖海戦之部）」横須賀海軍航空隊、1942年、1頁。

＊46 R.グレンフェル『主力艦隊シンガポールへ』錦正社、2008年、82頁。

＊47 防衛研究所図書館所蔵「戦訓2/14　基地航空戦」1946年、21〜35頁。

＊48 本戦訓は、1943年1月29、30日に中攻が単独で行ったレンネル沖海戦での高い損害率を踏まえているにも関わらず、戦闘機の直掩が得られない大中型機のみの長距離進攻も考えられている点には留意が必要である。岩崎嘉秋『われレパルスに投弾命中せり』光人社NF文庫、1998年、236〜237頁。

＊49 防衛研修所戦史室『戦史叢書　マリアナ沖海戦』朝雲新聞社、1968年、576頁。

＊50 日本海軍航空史編纂委員会編『日本海軍航空史（1）用兵篇』時事通信社、1969年、115〜116頁。

＊51 山本親雄『海軍航空用兵思想と航空軍備1』防衛研究所、1970年、146頁。

＊52 防衛研究所図書館所蔵「戦訓2/14　基地航空戦」1946年、47頁。

＊53 米国海軍省戦史部編纂『第二次大戦米国海軍作戦年誌』出版協同社、1956年、附表8、9。

＊54 防衛研修所戦史室『戦史叢書　大本営海軍部・聯合艦隊〈3〉』朝雲新聞社、1974年、78頁。

＊55 同上、84〜86頁。

＊56 小柳冨次『栗田艦隊』光人社NF文庫、1995年、67〜68頁。

付　録

【付録】開戦時の文書からみる海軍航空の用兵思想（伊藤大輔）

　1941年12月の対米英蘭戦開戦に際しての海軍航空に係る用兵思想が示されている文書は、戦略の階層によって下表のとおり分類できると考える。

戦略の階層	開戦時の文書	成立時期
大戦略／ 国家安全保障戦略	帝国国防方針 基本国策要綱	1936.5.1 1940.7.26
大戦略	情勢の推移に伴う帝国国策要綱の「方針」	1941.7.2
国家安全保障戦略	世界情勢の推移に伴う時局処理要綱 情勢の推移に伴う帝国国策要綱の「要領」 帝国国策遂行要領	1940.7.27 1941.7.2 1941.9.6、11.5
国防戦略	用兵綱領 常備兵力量	1936.5.1 1936.5.1
海軍戦略	大海令	1941.11.5
海軍戦略／海軍作戦	航空機機種および性能標準	1936.6.5
海軍作戦	大海指（別冊） 聯合艦隊命令	1941.11.5 1941.11.5

　それぞれの階層の文書にみられる用兵思想の大要は、次のとおり。

1．大戦略
　建国以来の皇謨（天皇陛下が国家を統治すること）に基づき大義を本として国威の顕彰、国利民福の増進を図る*1。
　皇国の国是は、八紘を一宇とする肇国（建国）の大精神に基づき、世界平和の確立を招来することを以て根本とし、先ず皇国を核心とし日満支の強固なる結合を根幹とする大東亜の新秩序を建設するに在る。之が為、皇国自ら速やかに新事態に即応する不抜の国家態勢を確立し、国家の総力を挙げて国是の具現に邁進する*2。
　帝国は、世界情勢変転の如何に拘わらず大東亜共栄圏を建設し以て世界平和の確立に寄与する方針を堅持する。帝国は、依然支那事変処理に邁進し、かつ自存自衛の基礎を確立する為南方進出の歩を進め、また情勢の推

移に応じ北方問題を解決する。帝国は目的達成の為、如何なる障害をも之を排除する＊3。

2. 国家安全保障戦略

名実共に東亜の安定勢力たるべき国力殊に武器を整えかつ外交これに適い、国家の発展を図る。一朝有事の際には、機先を制してすみやかに戦争の目的を達成する。特に、帝国の国情にかんがみて努めて作戦初期の偉力を強大ならしめることが緊要。我と衝突の可能性大にして強大な国力、殊に武備を有する米国、ソ連を目標とし、併せて支那、英国に備える＊4。

皇国内外の新情勢に鑑み、国家総力発揮の国防国家体制を基底とし、国是遂行に遺憾なき軍備を充実する。皇国現下の外交は、大東亜の新秩序建設を根幹とし、先ずその重心を支那事変の完遂に置き、国際的大変局を達観し建設的にして且つ弾力性に富む施策を講じ、以て皇国国運の進展を期す＊5。

蒋政権屈服促進の為、更に南方諸域よりの圧力を強化する。帝国は其の自存自衛上、南方要域に対する各般の施策を促進する。独ソ戦に対しては、三国枢軸の精神を基調とするも暫く之に介入することなく密かに対ソ武力的準備を整え自主的に対処する。ソ連への自主的対処にあたり各種の施策就中武力行使の決定に際しては、対英米戦争の基本態勢の保持に大なる支障がないようにする。米国の参戦は既定方針に従い外交手段その他あらゆる方法に依り極力之を防止すべきも万一米国が参戦した場合には、帝国は三国条約に基づき行動する。ただし、武力行使の時機及び方法は自主的に之を定める＊6。

帝国は現下の急迫せる情勢、特に米、英、蘭等各国の執れる対日攻勢、ソ連の情勢及び帝国国力の弾撥性等に鑑み南方に対する施策を次に拠り遂行する。帝国は自存自衛を全うする為、対米、（英、蘭）戦争を辞せざる決意の下に概ね（昭和16年）10月下旬を目途として戦争準備を完整する。帝国は並行して米、英に対し外交の手段を尽くして帝国の要求貫徹に努める。外交交渉に依り10月上旬頃に至るも尚我が要求を貫徹し得る目途なき場合においては直ちに対米（英蘭）開戦を決意する＊7。

帝国は現下の危局を打開して自存自衛を完うし大東亜の新秩序を建設する為、此の際対米英蘭戦争を決意し、次の措置を採る。武力発動に時機を

12月初頭と定め、陸海軍は作戦準備を完整する。対米交渉は甲案、乙案に依り之を行う。独伊との提携強化を図る。武力発動の直前、泰国との間に軍事的緊密関係を樹立する＊8。

3．国防戦略

　帝国軍の作戦は国防方針に基づき、陸海軍協同して先制の利を占め攻勢を取り、速戦即決を図るを以て本領とする。之が為、陸海軍は速やかに野戦軍及び敵主力艦隊を破砕し併せて所要の疆城（国境外の防御された地域）を占領する。なお作戦の進捗に伴い若しくは外交上の関係に鑑み、所要の兵力を以て政略上の要地を占領することがある。陸海軍は協同して国内の防衛に任じ、前記作戦の本領に背馳せざる範囲内に於いて之を実施する。対馬海峡の海上交通線は陸海軍協同して常に確実に之を防衛する。米国を敵とする場合に於ける作戦は、東洋に在る敵を撃破し其の活動の根拠を覆滅し、かつ本国より来航する敵艦隊の主力を撃滅するを以て初期の目的とする。之が為、海軍は作戦初頭速やかに東洋に在る敵艦隊を撃滅して東洋方面を制圧すると共に、陸軍と協同してルソン島及びその付近の要地並びにグアム島に在る敵の海軍根拠地を攻略し、敵艦隊の主力東洋方面に来航するに及び機を見てこれを撃滅する。敵艦隊の主力を撃滅したる以降に於ける陸海軍の作戦は臨機に之を策定する。英国を敵とする場合に於ける作戦は、東亜に在る敵を撃破し其の活動の根拠を覆滅し、かつ本国方面より来航する敵艦隊の主力を撃滅するを以て初期の目的とする。陸海軍の作戦の要領は臨機に之を定める。海軍は特に作戦初期に於いて情況の許す限り其の所要船舶を節約し、以て陸軍の集中並びに上陸作戦を容易なもとするものとする。露国、米国、支那及び英国の内二国以上を敵とする場合においては概ね前述の国別の作戦要領を準用し、情勢に応じこれ等数国に対し為し得る限り逐次に作戦を行う＊9。

　外戦部隊として航空母艦10隻、外戦部隊及び内線部隊に充当すべき常設基地航空兵力を65隊とする＊10。

4．海軍戦略

　聯合艦隊司令長官は在東洋敵艦隊及び航空兵力を撃滅すると共に、敵艦隊東洋方面に来航したならば之を要撃撃滅すべし。聯合艦隊司令長官は、

南方軍総司令官と協同して速やかに東亜に於ける米国、英国次いで蘭国の主要根拠地を攻略し、南方要域を戦略確保すべし。聯合艦隊司令長官は、所要に応じ支那方面艦隊の作戦に協力すべし*11。

5．海軍作戦

　日本海軍作戦方針の大綱は、支那沿海及び揚子江水域の制圧を続行しつつ、速やかに在東洋敵艦隊及び航空兵力を撃滅し南方要域を占領確保して持久不敗の態勢を確立するとともに、敵艦隊を撃滅し終極において敵の戦意を破摧するに在り。第一段作戦は、第二艦隊、第三艦隊、南遣艦隊及び第11航空艦隊を期間とする部隊を以てフィリピン、英領マレー及び蘭領印度方面所在の敵艦隊を掃蕩撃滅するとともに、陸軍と協同して次の如く作戦する。英領マレー及びフィリピンに対して同時に作戦を開始し、同方面所在敵航空兵力及び艦隊に対して先制空襲するとともに、成るべく速やかに陸軍先遣兵団をマレー及びフィリピンの要地に上陸せしめて航空部隊を推進し、航空作戦を強化する。前項の作戦の成果を待って陸軍攻略兵団の主力をフィリピン次いでマレーに上陸せしめ、速やかにフィリピン及びマレーを攻略する作戦初期英領ボルネオ、セレベス南部、スマトラの要地を、また機を見てモルッカ諸島、チモール島の要地を占領し、所要の航空基地を整備する。前項の航空基地整備次第、逐次航空部隊を推進してジャワ方面の敵航空兵力を制圧し、其の成果を待って陸軍攻略兵団の主力をジャワ島に上陸せしめ同島を攻略する。シンガポール攻略後、北部スマトラの要域を占領し、また敵の対支補給路遮断の目的を以て適時ビルマに対して作戦する*12。

6．海軍航空の典令範

　日本海軍の航空作戦における用兵思想は、1928年に第一航空戦隊が編成されて第一艦隊に編入されて以来、航空母艦を用いた、主力部隊の艦隊決戦に策応する母艦搭載機の運用に重点が置かれてきた*13。この新たな兵種としての航空兵が日本海軍の典令範に登場するのは、1928年の「第三次改正海戦要務令」においてである。

　その後の航空兵種の発展拡充を受けて、海戦要務令の応急改正として航空戦の部を「海戦要務令続編」として起案しようとしたが、内容が不十分

付　録

であり、権威ある海戦要務令の続編に相応しくないことから、1934年に
「海戦要務令」から分離独立したものの格下げされ「航空戦要務令草案」
として作成発布した＊14。

　しかし、中攻の出現と九一式魚雷の出現により航空戦力の用兵上の価値
向上により、艦隊主力決戦前の航空決戦によって艦隊決戦場の制空権獲得
を重視した航空用兵思想を盛り込んだ「海戦要務令続編（航空戦の部）草
案」が1940年に起草されたが、各部隊等への意見照会後に立ち消えとなっ
た＊15。

　その後、太平洋戦域の戦訓を踏まえ、1944年3月に「航空戦教範草案」
が作成発布され、終戦を迎えた。この最後の「航空戦教範草案」において
は、綱領第3で「航空戦の本旨は攻勢を執り敵を殲滅するに在り、ゆえに
常に旺盛なる攻撃精神を発揮し犠牲を厭わず果敢なる攻撃を断行するを要
す」、綱領第4で「航空戦の要訣は卓越せる機動力を全幅発揮し適時適所に
攻撃力を集中し敵を各個に撃破するに在り」としている＊16。

註
＊1　防衛研修所戦史室『戦史叢書　大本営海軍部・聯合艦隊〈1〉』朝雲新聞社、
　　1975年、318頁。
＊2　防衛研修所戦史室『戦史叢書　大本営陸軍部〈2〉』朝雲新聞社、1968年、
　　55頁。
＊3　実松譲編『現代史資料（35）太平洋戦争（二）』みすず書房、1969年、121頁。
＊4　防衛研修所戦史室『戦史叢書　海軍軍戦備〈1〉』朝雲新聞社、1969年、84
　　頁。
＊5　防衛研修所戦史室『戦史叢書　大本営陸軍部〈2〉』朝雲新聞社、1968年、
　　55頁。
＊6　実松譲編『現代史資料（35）太平洋戦争（二）』みすず書房、1969年、121頁。
＊7　同上、122頁。
＊8　同上、123頁。
＊9　防衛研修所戦史室『戦史叢書　大本営海軍部・聯合艦隊〈1〉』朝雲新聞社、
　　1975年、322〜323頁。
＊10　防衛研修所戦史室『戦史叢書　海軍軍戦備〈1〉』朝雲新聞社、1969年、84
　　頁。
＊11　実松譲編『現代史資料（35）太平洋戦争（二）』みすず書房、1969年、131〜

132頁。

＊12　同上、135〜136頁。
＊13　日本海軍航空史編纂委員会編『日本海軍航空史（１）用兵篇』時事通信社、
　　　1969年、114〜115頁。
＊14　防衛研修所戦史室『戦史叢書海軍航空概史』朝雲新聞社、1976年、48〜49頁。
＊15　同上、138頁。
＊16　海軍省内令第399号「航空戦教範草案」1944年、3頁。

【付録】マレー沖海戦の戦訓（伊藤大輔）

　1941年12月10日のマレー沖海戦の主な戦訓としては、参加部隊の元山海軍航空隊が纏めた12月9日から10日の戦闘詳報＊1、1942年9月２日に発行された横須賀海軍航空隊が主担任した戦訓調査委員会航空分科会による戦訓＊2、1945年4月20日に第十航空艦隊司令部が初級士官の兵術教育参考資料として、横須賀海軍航空隊による戦訓に臨時戦史部編纂戦訓所見摘録及び海軍大学校刊行大東亜戦争戦訓（兵術）記載所見の一部を加味して作成された航空戦戦訓がある＊3。

　これらに示されている主要な戦訓は、次のとおり。

1．航行艦隊に対する襲撃法

　航行艦隊に対する有効な襲撃法は従来推賞されてきた多数機による協同攻撃を有利とし、特に雷撃隊の襲撃を容易にする目的を以て爆撃隊を先行させ襲撃に先立ち爆撃することは有形、無形の効果をもたらすこと大である。

　敵艦隊に対する空中攻撃は所要兵力の統一指揮による集中攻撃を理想とするも、飛行機行動力並びに異基地より発進する飛行機隊の集合等の関係上、今回のように急速攻撃隊毎に発進し速やかに敵を捕捉し一撃を与え先ず敵の速力を奪い連続反復攻撃することを有利とすることがある。この場合、一攻撃単位は主力艦一隻に対し一箇中隊を最小限度とする。

　先頭艦に対する過集中を避ける為、予め目標を配分して置く必要があるとともに、実施に際しては好対勢の目標に攻撃する必要があることは勿論

であるが、実戦場裡においては、好射点に在る艦を選定する結果、戦列中の損傷艦に過集中する虞れあり。今次海戦でも、爆撃及び最初の雷撃に依り損傷した二番艦レパルスに集中する結果となった。損傷艦に必要以上の打撃を与えることがある反面、無疵の艦を生じることがあることを考慮し、目標の選定に当たっては戦列にあって戦闘力（運動力）が減耗していないように看取られる艦を主目標とすることが肝要である。

　敵水上艦艇の艦型識別は、遠距離では極めて困難である。襲撃時に於いては、味方艦艇の所在又は敵との関係位置等を明確にすることが肝要である。

　高速艦に対して低高度発射を実施する為には相当突っ込む必要がある。従って、高度を過早に低下することなく近距離に達する迄高度の余裕を保ち充分接近して発動機を絞り急降下することが適当である。これ即ち敵の回避情況を察知する上で極めて有利にして回避に即応することも容易なるのみならず、精神的に余裕を生じ、遠距離発射を防止する公算が大きい。

　発射後の回避運動は、その時の対勢に応じ一概に論ずることはできないが、徒に巧妙な回避運動に捉われることなく、情況が許す限り直線運動を以て主として高速離脱に努めるべきであり、波状運動又は上下運動を加えることは避弾上有利である。

　敵防御砲火の炸裂時の爆撃によって、反対側が直視困難となることがあるので、同時挟撃の場合は注意すること。

　今回、直衛駆逐艦の至近距離を突破したが、駆逐艦の防御砲火による被害は皆無であったので、襲撃上注意するする必要はなかったが、僅か三隻であったため、これを以て厳重な対空警戒幕突破時の資料とするには至らなかった。

２．射法並びに発射法攻撃効果

敵速判定は極めて困難である。

　魚雷命中に依る敵速低下は相当大きいので後続隊は考慮する必要がある。

　魚雷命中による水煙、水柱等は照準発射上障害とはならない。

　現用照準器並びに艤装のままでは射角20度以上の照準は困難であるので、発射舷に応じ照準器支基を移動する必要がある。

　副砲の弾着と覚しき水柱を多数認めたが、射点付近に弾着を集中しよう

とすることは困難なようであり、全然妨害を受けなかった。

　魚雷命中に依る艦艇の傾斜を後続機が敵艦回頭中と状況判断を誤ることがある。

　襲撃時における主操縦士の任務が過重となるため、3名（主操縦員、副操縦員、偵察員）の任務分担を定め主操縦員を補佐すること。

3．攻撃効果

　今回の襲撃における雷撃命中率は極力調査に努めたが明確にならず甚だ遺憾である。

　第一次世界大戦後十数年間の研究の結晶ともいうべきプリンス・オブ・ウェールズが僅か十数機の雷撃（半数以上、九一式魚雷改一）と直撃弾（500kg）2弾に依り轟沈した事実は、単に英主力艦の防御力が脆弱であったというだけではなく、艦舷攻撃における爆弾及び魚雷の偉力絶大であることを確認し得た。

4．対空射撃に依る雷撃隊の被害

　襲撃場面の天候は高度2,500m附近及び3,000m附近に接敵上利用できる断雲が存在したとはいえ、特筆する程有利な天象とは称し難かったにも拘わらず、被害は僅少であった。これは、敵艦の猛烈な回避運動に依る対空射撃精度の低下及び多数機に対する射撃指揮法に関する訓練不足等、推察し得るところであるが、従来の日本海軍砲術学校における研究成果のような大被害を蒙るものとは認め難く、特に爆撃又は雷撃に依り最初の命中弾（魚雷）を得た後の防御砲火は急に低下した。

　敵の熾烈なる対空射撃の状況を顧みて今更慄然とするものがあるが、砲火に直面しつつ攻撃運動を実施しつつある際は、反って敵愾心を高潮させることになるだけであった。従って、運動性において優越する飛行機隊の襲撃に当たっては、防御砲火に眩惑されたり、遠距離発射に陥ったり、照準発射に混乱を所ずるようなところは無かった。

5．雷撃兵器に関する事項

　航行艦隊に対する雷撃は、本海戦が嚆矢である。搭乗員に対して航行艦船に近迫必中を期すことを深く戒め、水深の関係上発射高度を50m以下に

制限したが、過度の近迫は現用魚雷の定深距離の関係上、これを許さない。

　従来、魚雷の沈度及び定深距離の短縮は主として魚雷の命中率向上の見地から急速解決を要望されている所であるが、更に戦闘において万難を排し敢然近迫発射した魚雷が反って効果ないようなことでは、精神的に極めて面白くない。沈度及び定深距離の短縮こそ刻下の急務である*4。

　飛行準備の際、爆撃転換を容易迅速に行えるように、飛行機の艤装及び投下器に関し、研究改善の必要がある。

６．戦訓調査委員会航空分科会による航空作戦に関する戦訓の追加

（１）開戦初期の作戦は、人員機材共に実戦の経験に乏しいことから、錯誤を起こし易く巧みにこれに乗ずるときは大戦果を収めることができる。

（２）航空兵力の用法では、本海戦においては敵の企図、飛行機の行動能力、配備、基地等に鑑み攻撃時機の遅延を許さず、急速敵を捕捉する必要があった関係上、隊毎に発進時隔がやや大きい順撃となった。戦果を収めたが警戒厳重な敵艦隊に対しては、各個撃破を蒙るおそれが大きいことから、できる限り大兵力を統一指揮の下に統合して集中攻撃の威力発揮に努める必要がある。

（３）夜間捕捉撃滅しなければ翌朝これを攻撃圏外に逸するおそれが極めて大きいことに鑑み、速やかに夜戦用諸兵器の研究実現を促進するとともに、益々夜間索敵攻撃演練の必要がある。

（４）航行中の艦隊に対する攻撃法では、先に爆撃隊が敵を攻撃攪乱し、その機に即応して雷撃隊を殺到させて一挙に敵を屠ること。

（５）目標の選定では、統一指揮官の下に目標の選定分配と戦勢判断を行い各隊協同襲撃すること。目標識別では、彼我錯綜する戦場において艦型識別は極めて困難なので、写真偵察能力を向上して之を活用すること、模型に依る艦種と各種観測位置に依る特徴等を研究し搭乗員の艦型識別訓練を実施すること。

（６）射法では、射角決定上最も重要な敵速の判定が各機で相当の開きがあったことから、最も経験深い分隊長等から隊内電話で通報する等の方策を講じること。

（７）敵艦の防御放火に依る被害では、航行艦船に対する昼間強襲の際に被る被害は、平時の海軍演習審判標準時に示されるような大きいものでは

なく、演習で被害甚大と判定するのは兵術上誤った思想を生ずる恐れがあるとともに、飛行機搭乗員に及ぼす精神的影響を考慮し速やかに研究是正の必要があること。

（8）魚雷発射高度では、高度が高いほど被害が大きくなることが実証されたので、襲撃時の発射高度の選定に関し研究訓練が必要であること。また、艦船装備の対空防御砲火は、50m以下の低高度で襲撃してくる敵機に対し砲火を指向することが困難であることから、至急（我の艦艇の対空砲火の）改善が必要であること。

（9）通信の速達は、作戦成功の鍵なり。本海戦のように、潜水艦との協同作戦を予期する場合には、両者間の通信は最も速達円滑を期し得るよう、通信組織配員等、万全の策をなしておく必要がある。また、暗号文の作成翻訳地点標止法等を誤らないようにするとともに、重要な報告通報は確実迅速に到達するよう考慮する必要がある。

7．第十航空艦隊司令部による戦訓の追加

（1）技量不十分な部隊に飛行場を供用する場合は、飛行機置場は滑走路より少なくとも50m以上離隔させることが必要である。

（2）作戦前の飛行機の準備は、常に行動力全幅発揮可能となるよう行う必要がある。鹿屋航空隊の一部の飛行機は近距離での行動となると考え前日に燃料補給を行っていなかったため、当日早朝、敵がシンガポールへ向け遁走中との報により急速に燃料を満載して出発した。一方、元山航空隊においては、搭載兵器に対し燃料を満載し、超過荷重を越えた状況で発進し、任務を完全に遂行した。

註
＊1 「元山海軍航空隊戦闘詳報其ノ七（馬来部隊第一航空部隊甲空襲部隊）（馬来沖海戦）」防衛研修所戦史室、1941年、23〜31頁。
＊2 戦訓調査委員会航空分科会「大東亜戦争戦訓（航空）第二篇（馬来沖海戦之部）」横須賀海軍航空隊、1942年、1〜31頁。
＊3 第十航空艦隊司令部「（教育参考資料）大東亜戦争ノ諸戦例ト航空戦々訓」1945年、序言。
＊4 この雷撃兵器の戦訓には、解説が必要であろう。日本海軍の航空魚雷は大戦

中、九一式魚雷（7種）と派生型の四式空雷一号（2種）が用いられた。マレー
沖海戦では、数が揃わなかったため、九一式魚雷改一と改二が用いられた。魚
雷には、至近距離での発射の場合、敵艦に当たらないという構造的問題があっ
た。魚雷は、投下機の高度と機速で海面への射入角度と射入速度が決まる。そ
して、水面の射入点から水面下まで惰力で沈入（この量を沈度という）し、そ
の後深度機の作用で調定した一定の深度に移動し、安定走行に入る。射入点か
ら調定深度までの水平距離を定深距離という。岡村純編集『航空技術の全貌
（下）』原書房、1976年、138頁。

関係地名一覧

Alor Star（アロルスター）
Ambon Island（アンボン島）
Andir（アンディール）
Balikpapan（バリクパパン）
Bandjermasin（バンジェルマシン）
Bandoeng（バンドン）
Bangka Strait（バンカ海峡）
Banka Island（バンカ島）
Bangka Roads（バンカローズ）
Batavia（バタビア）
Blimbing（ブリンビン）
Borneo（ボルネオ）
Burma（ビルマ）
Butterworth（バターワース）
Cam Ranh Bay（カムラン湾）
Celebes（セレベス（島））
Davao（ダバオ）
Denpesar〔ママ〕（デンパサール）
　　　　　　　※正しくは Denpasar
East Indies（東インド）
Emmerhaven（エマーヘブン）
Endau（エンダウ）
Formosa（台湾）
Gong Kedah（ゴン・ケダック）
Ipoh（イポー）
Jabi（ジャビ）
Java（ジャワ（島））
Jitra（ジットラ）
Johore（ジョホール）
Jolo Island（ホロ島）
Kahang（カハン）
Kalidjati〔ママ〕（カリジャティ）
　　　　　　　※正しくは Kalijati
Kallang（カラン）
Kema（ケマ）
Kemajoran〔ママ〕（クマヨラン）
　　　　　　　※正しくは Kemayoran

Kampar（カンパル）
Kendari（ケンダリ）
Keppel Harbor（ケッペル港）
Kluang（クルアン）
Koepang（クーパン）
Kota Bharu（コタバル）
Kragen（クラゲン）
Kuantan（クアンタン）
Kuching（クチン）
Kuala Lumpur（クアラルンプール）
Lubok Kiap（ルボック・キアップ）
Machang（マチャン）
Madoien〔ママ〕（マドイセン）
　　　　　　　※正しくは Madoisen
Makassar（マカッサル）
Malang（マラン）
Malaya（マラヤ）
Manado / Menado〔ママ〕（メナド）
　　　　　　　※正しくは Manado
Mindanao（ミンダナオ）
Miri（ミリ）
Modjokerto（モジョケルト）
Morokrembangan（モロクレムバンガン）
Moesi River（ムシ川）
Paeloe Samboe〔ママ〕（プルサンブ）
　　　　　　　※正しくは Poeloe Samboe
Palembang（パレンバン）
Patani（パタニ）
Penang（ペナン）
Pontianak（ポンチャナック）
Saigon（サイゴン）
Samarinda（サマリンダ）
Sambas（サンバ）
Sanur（サヌール）
Sarawak（サラワク）
Seletar（セレター）

Sembawang（センバワン）
Semplak（センプラク）
Singkawang（シンカワン）
Singora（シンゴラ）
Singosari（シンゴサリ）
Slim River（スリム河）
Sorang（ソラン）
Sulu Archipelago（スールー諸島）
Sungei Patani（スンゲイパタニ）
Surabaya（スラバヤ）
Taiping（タイピン）
Tainan（台南）

Tandjong Priok〔ママ〕（タンジュンプリオク）　　※正しくは Tandjung
Tarakan（タラカン）
Tengah（テンガ）
Ternate（テルナテ）
Timor（ティモール）
Tinian（テニアン）
Tjiater Pass（ジャイターパス）
Tjilatjap（チラチャップ）
Tjililitan（チリリタン）
Tjisaoek（チサエク）

日本陸軍航空隊と日本海軍航空隊の航空機一覧

■日本陸軍航空隊

Ki-15（九七式司令部偵察機）
Ki-15 Type 97 Model 2（九七式司令部偵察機二型）
Ki-21 Type 97 Model 1（九七式重爆撃機一型）
Ki-21-Ib（九七式重爆撃機一型乙）
Ki-21-IIa（九七式重爆撃機二型甲）
Ki-27（九七式戦闘機）
Ki-30（九七式軽爆撃機）
Ki-34（九七式輸送機）
Ki-36（九八式直接協同偵察機）
Ki-43（一式戦闘機）
Ki-44（二式戦闘機）
Ki-46（一〇〇式司令部偵察機）
Ki-48（九九式双発軽爆撃機一型）
Ki-51（九九式襲撃機）
Ki-57（一〇〇式輸送機）

■日本海軍航空隊

A5M4（九六式艦上戦闘機）
A6M（零式艦上戦闘機（零戦））
A6M2（零戦二一型）
B5N2（九七式艦上攻撃機）
C5M2（九八式陸上偵察機）
D3A1（九十九式艦上爆撃機）
E13A1（零式水上偵察機）
F1M2（零式観測機）
G3M（九六式陸上攻撃機）
G3M1（九六式陸上攻撃機一一型）
G3M2（九六式陸上攻撃機二一型）
G3M Model 22（九六式陸上攻撃機二二型）
G4M（一式陸上攻撃機）
H6K（九七式飛行艇）

あとがき

監訳・監修者

橋田　和浩

　第二次世界大戦における日本の対米英戦争は、真珠湾攻撃に先立つマレー半島上陸作戦で開始された。米英に対して持久作戦を遂行しつつ自給自足を実現し、国力を増進させて長期戦を有利に進められるようにするために成功させねばならなかったマレー進攻作戦では、陸海空一体での電撃戦ともいえる急進撃が展開された。そして、日本海軍の機動部隊が真珠湾に大打撃を与えて名を馳せたのと同様に世界に衝撃を与えたのが、開戦劈頭のマレー進攻作戦をはじめとする南方作戦での日本陸軍航空隊と日本海軍航空隊の活躍であった。その一方で、南方作戦の成功の鍵を握っていた日本陸海軍航空隊の活躍ぶりは、Z艦隊の撃破等の一部を除き、真珠湾攻撃ほどに華々しく周知されているとは言い難い。

　この埋もれた航空作戦の史実を、著者のマーク・E・スティル（Mark E. Stille）は本書で丁寧に掘り起こしている。アメリカ海軍の元中佐で、海軍大学や統合参謀本部での勤務経験がある彼は、アメリカやイギリスの資料だけでなく戦史叢書をはじめとする日本の資料も用いて、「かえる跳び」で快進撃する日本軍と退却を繰り返して敗北する連合軍を対比させながら両者の活動状況を描いており、多数の写真や掲載図と併せてマレー進攻作戦や蘭印攻略作戦における航空作戦の様相を知ることができる。また、本書では、対中戦争で経験を積み上げるとともに対米英戦争に備えて練度を上げてきた日本と、計画どおりに（あるいは計画倒れで）装備品等や練度を充実させることができない連合軍という構図の中で、いかに日本陸軍と海軍の航空戦力が世界を震撼させたのかを描きつつも、レーダーを用いた防空能力は双方ともに欠けており、日本軍も連合軍と同様の大損害を被るリスクを抱えていたこと等も明らかにされている*1。こうした内容からは、何事も事前準備を蓄積して「段取り」を整えることが重要であるということだけでなく、計画と実行との間に生ずる摩擦の克服は不可避であり、これまでに培ってきたことを頼りに今を乗り切ることはできるとしても限界があるということを学ぶことができるだろう。これらを総合すると、重

大な課題に取り組むための分析や構想等の集合体としての戦略∗2につい
て学ぶ上での視座を本書から得ることもできるように思われる。

　スティルが本書で取り上げているように、日本陸軍航空隊と日本海軍航
空隊が共有するドクトリンはなかったが、航空優勢の獲得を追求した攻勢
対航空を採用していたことは共通している。また、このようなドクトリン
あるいは戦い方、いわば作戦コンセプトに着目すると、日本海軍は攻勢対
航空のほかに艦隊決戦も志向していた。そして、作戦の実行に際しては各
種兵器が作戦コンセプトに沿って運用されることになるが、日本海軍の兵
器と作戦コンセプトを『バトル・オブ・ブリテン1940』でも用いた「従来
型」と「新型」に区分した組み合わせで整理すると∗3、下図のようにな
るだろう。

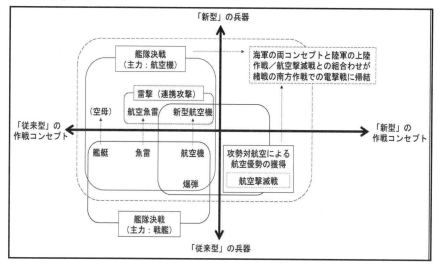

　スティルが指摘するように、日本海軍の機動部隊は「恐るべき海軍戦力
の集合体」であり、基地航空部隊と併せて強大な戦力を発揮した。また、
日本海軍の雷撃は、水平爆撃による攻撃しかできないと見積もっていたイ
ギリス海軍に対する奇襲効果をもたらした∗4。ただし、これらの戦力は
艦隊決戦という作戦コンセプトの範疇で捉えられており、その主力となる
のが戦艦であるのか、それとも航空機であるのかという違いでしかなかっ
た。つまり、航空母艦や航空機の研究開発を積み重ね、世界に冠たる機動

部隊や零戦という名機を生み出して緒戦における華々しい戦果をあげるに至った日本海軍の作戦コンセプトは、基本的に従来型の範疇であったと言える。このほか、スティルは日本海軍が中国との戦いでの実績から戦爆連合での攻撃による航空優勢の獲得という戦術の有効性を見出し、これを連合国に対しても用いたことを指摘している。これは、従来よりも性能を向上させた長距離爆撃機等の新型兵器を含めた航空戦力の運用方法として、日本海軍が新たに開発した作戦コンセプトと捉えることができるだろう*5。そして、これらの日本海軍の兵器と作戦コンセプトの組み合わせと、日本陸軍の上陸作戦や航空撃滅戦といった作戦コンセプトに基づく戦力運用とが相乗効果を発揮したことが、緒戦における電撃戦を成立させたと考えられる。

　このような日本海軍の兵器と作戦コンセプトの構図には、アメリカ海軍のアルフレッド・セイヤー・マハン（Alfred Thayer Mahan）の用兵思想が大きな影響を及ぼしていた。それは大艦巨砲の崇拝と集中の原則、そして決定的な海戦による敵艦隊の撃滅であった*6。つまり、完全な戦闘態勢で航行している戦艦を航空攻撃で撃沈するという海戦史上初の偉業を成し遂げた日本海軍航空隊は*7、戦艦が主役であった海戦のゲーム・チェンジを実証したと言える。この日本海軍航空隊の戦果と日本海軍の勝利は、大艦巨砲主義を支持してきた世界中の海軍関係者と艦隊の用兵思想に大きな影響を及ぼした*8。そして、空母を中心とした機動部隊の編成や対空兵装の強化だけでなく、主砲を上陸部隊の支援に用いるといった用兵思想が、すぐにアメリカ海軍などで採用されることになる*9。

　しかしながら、マハンの「艦隊決戦」の原則に染まっていた日本海軍は、日本海海戦でロシア艦隊を撃破したように、アメリカ艦隊を一撃で撃滅することでしか勝利できないとしており*10、海軍力の権威であった戦艦の地位を航空戦力に譲り大艦巨砲への信頼を放棄することを拒否していた*11。このため、日本海軍は自ら実証したゲーム・チェンジを新たな用兵思想として浸透させるまでに時間を要することとなり、海戦におけるイノベーションを牽引するには至らなかったと言えるだろう。

　その背景にある要因としては、日本海軍が攻撃力偏重の戦略や用兵思想のもとで攻撃技術を目覚しく進歩させた一方で、防御の重要性への認識が欠如して防空戦闘能力が不十分なままであったことが挙げられる*12。さ

らには、日本軍として近代戦に関する戦略論の概念をイギリスやアメリカから輸入する一方で、これらの概念を十分に咀嚼して吸収する中で新しい概念の創造へと向かう方向性に欠けていたため、指揮官や参謀等が既存の戦略の枠内では力を発揮できるものの新たな戦略を策定する能力を持ち合わせていなかったということも指摘されている＊13。緒戦における敗北から学んだアメリカ海軍が、日本海軍の機動部隊を模倣しつつ航空優位の戦闘組織を洗練させてレーダーや通信機器等のほか水陸両用作戦のドクトリン開発と組み合わせる等＊14、環境の変化に対応して戦い方を進化させていったのに対し、日本軍では勝因を抽出して戦略や戦術の新しいコンセプトの展開や理論化を図るということが行われなかったのである＊15。

　このようなゲーム・チェンジの構造は、現在のウクライナ戦争における航空作戦にも見ることができる。2022年2月24日のロシア軍のウクライナへの侵略は、いわば定石どおりウクライナ軍の航空基地や地対空ミサイル部隊に対するスタンド・オフ攻撃で開始された。これによりウクライナ軍の主要な航空基地の滑走路を使用不能にし、多くのレーダーや地対空ミサイルを破壊したロシア軍は、そのまま航空優勢を獲得してウクライナ軍を一方的に駆逐するという「アメリカ主導の戦い方と同様のパターン」に移行するかに見えたものの＊16、現実は全く異なる様相を呈することになった。むしろ、ロシア軍の戦闘機等はウクライナ軍のS-300やSA-11といった地対空ミサイル・システムの脅威に晒されて低高度で活動せざるを得なくなり、低高度ではSA-8、スティンガー、ジャベリン等の数多くの携帯式防空ミサイルによって大きな損害を受けたことで、ウクライナでの航空優勢の獲得に失敗したのである＊17。また、ロシア軍が質と量の両面において優勢にある一方で、ウクライナ軍が小型無人機を駆使してロシア軍の地上軍を撃退しているほかセバストポリの黒海艦隊司令部にも打撃を与え、巡洋艦モスクワをミサイルで撃沈したことは、高い性能を誇る防空システムも大規模なネットワークに統合されて練度の高い兵員が運用しなければ役に立たないということを示すものであった＊18。

　ウクライナ戦争では、依然としてロシア軍とウクライナ軍の双方とも航空優勢を獲得できていない状況が続いているようである。その背景として、ウクライナ軍が低高度から高高度までを様々な防空システムで相互補完させて多層防御する「航空拒否（Air Denial）」戦略を成功裏に実行したとい

うことが挙げられている＊19。また、航空拒否は有人機が敵地に進入して精密誘導兵器で攻撃する必要性を減じるものであり＊20、西側諸国に航空優勢よりも航空拒否を追求するというパラダイム・シフトをもたらすことになるとの指摘もある＊21。その一方で、航空拒否が有効であるとしても、これは航空優勢と排他的に論じられる性質のものではないことにも注意が必要であろう。軍事戦略が伝統的に「消耗戦」と「機動戦」の対比で論じられてきた一方で、現実の戦争において両者は連続的に起きる相互補完の関係にあるように＊22、航空優勢と航空拒否も時と場合により使い分け、あるいは組み合わせて総合力を発揮させることが重要になると思われる。これに加え、地対空ミサイル等を中核とした多層防御による航空拒否が有効であるとしても、ウクライナ軍のパイロットが主要都市の上空を飛び続けていることがウクライナの国民や地上軍の戦意や士気を鼓舞し続けているということも忘れてはならないだろう＊23。そして、航空優勢と航空拒否を航空機か地対空ミサイルかで論じるような構図は、先の大戦で海戦の主力を国威の象徴たる戦艦から新しい領域である空を司る航空機へと移行する際に日本海軍が直面した状況につながるように思われる。つまり、ウクライナ戦争から教訓を得て、これからの航空作戦について多角的に分析して日本の航空作戦を進化させるための鍵は、やはり「覧古考新」にあると言えるだろう＊24。

　ただし、ウクライナ戦争の先行きは不透明であり作戦推移の状況も不明なところが多々ある中にあっても、確かなことが1つある。それは、ウクライナが負けていないのは、戦場の前線という究極の現場に立っている部隊が負けていないからだということである。古くは孫子が「七計」において「兵衆」（組織）の精強度と「士卒」（個人）の練度を比べ併せて実情を求めるとしたように＊25、敵と対峙する現場部隊の強さが勝敗を分ける要素となることは不遍である。また、クラウゼヴィッツが用兵を「術」とした上で戦略と戦術を区分し＊26、リデルハートが戦略目標に先立って戦術を考慮しなければならず、両者は相互に影響し合うだけでなく融合する場合もあるとしたように＊27、いかに崇高な目的を掲げて立案した戦略が理論的に優れていようとも実効性に乏しければ機能せず、実現されることはない。すなわち、戦いの勝敗の鍵を握るのは政府や司令部等だけでなく、現場部隊でもあるということに疑念の余地はない。これは組織等の変革に

おいても同様にあてはまると言える。

　ここで改めてマレー進攻作戦等を振り返ると、まさに最前線で奮闘した日本陸軍航空隊と海軍航空隊の部隊は世界を震撼させるほどの強さを誇っていた。スティルは、その理由の代表例として、零戦が「ひねり込み」を多用したことや、「ひねり込み」が日本陸軍航空隊にも教え込まれて日本軍の共通の戦法となっていたことを挙げている。しかしながら、「ひねり込み」は「失速一歩手前のきわどい技」（村上解説）であり、実戦では「ひねり込み」の要素であるロールや横滑りで生存率を高めていた（伊藤解説）ということからすると、日本軍のパイロットが無類の強さを誇ったのは「ひねり込み」を多用したからではなく、「ひねり込み」をできるだけの高い練度にあったからであり、この高練度を要する技を共通の戦法にできるほどに過酷なまでの教育訓練を受けてきたからだと言える。

　実際、日本陸軍は徳川好敏大尉（当時）がアンリ・ファルマン機で初飛行した所沢に陸軍飛行学校を設立し、その後に現在の入間市に開校した陸軍航空士官学校で航空兵科将校の教育訓練を行ったが、日本の航空分野が発展途上していく中で航空機のトラブルや飛行に伴う事故等による殉職者が後を絶たなかった。そこで、日本の空の発展に殉じた若者たちの御霊の慰霊と航空安全のため、昭和12年に徳川好敏中将（当時）の宿志により航空神社が創建されている。昭和天皇より「修武台」の名が与えられた陸軍航空士官学校の一角にあった航空神社は、敗戦後に米軍が進駐してくることに伴い所沢（小手指）の北野天神社に奉遷されたが、その事実は同学校の跡地に建設された現在の入間基地修武台記念館の前にある碑によって静かに示されている。そして、空での実務や訓練等が命の危険を伴うものであるということも、戦略と戦術との関係あるいは用兵が科学と術を要することと同様に、今と昔に変わりはない。特に、我々航空自衛隊の隊員には、危険を伴う各種業務や訓練等が日常に埋め込まれていることを忘れることなく、平素の活動に潜む不安全状態をなくしながら精強な部隊等を育成し続けることが求められているということも変わり得ない。それは、こうした日々の実践を積み重ねることが、日本の平和を空から守り続けることへとつながり、日本の空の歴史の一翼を担い続けるということになるからである。

　このような思いを共有する仲間たちを中心に本作の翻訳と解説に取り組

むにあたり、今回は特に入間基地で共に勤務した平山の参画を得た。彼は入間基地の修武台記念館で勤務し、施設や資料を管理しつつ陸海空自衛隊の隊員や一般公開等に際しての来訪者への解説等を担当していた空曹であり、各分野の専門家たる幹部に並んで執筆することに抵抗感があったことは想像に難くない。彼が本取組への参画に踏み切ってくれたこと、その勇気に感謝したい。また、そもそも専門家集団である航空自衛隊において、戦史という専門分野の実務で磨かれた彼の参画を得たことで、読者の皆様に現場部隊の空気を少しでも感じてもらえたならば幸甚の極みである。

　それから、本書の翻訳は、地名や部隊名のほか機種名をはじめとした所要の知識についての防衛学群の由良、小林の両名からの助力がなければ成し得なかった。この場を借りて感謝を申し上げる。ただし、日本軍の戦史を扱うにあたり細心の注意を払ったつもりではあるものの、翻訳と解説に誤解を招くような表現や間違い等があるかもしれないが、その責任の全ては監訳と監修を担当した私にある。

　なお、解説を含め本書におけるいかなる主張や意見も、訳者や解説者が属する組織の見解とは無関係であることをお断りしておきたい。

　最後に、コロナ禍や円安の影響がある中にあって、航空自衛隊の教育研究や部隊等の「現場」に立つ我々のような隊員が本を出すという大胆な挑戦を続けることに賛同していただいた芙蓉書房出版の平澤公裕社長の勇断に改めて感謝を申し上げる。

　本書が読者の皆様がゲーム・チェンジやイノベーションを実現し、将来に向けた新しい日常を創り出すことを後押しできる参考となれば、我々一同にとり幸いである。

　　　敗戦から78年目の夏

註
＊1　日本軍は、連合軍の航空戦力による先制攻撃は進攻船団に対する脅威であり、かつ南部インドシナの未整備な飛行場に集結している航空部隊も格好の攻撃目標になると認識しており、連合軍の事前偵察を阻止するために過早に攻撃することで企図を暴露することがないように配慮していた。防衛庁防衛研修所戦史

室『戦史叢書 マレー進攻作戦』朝雲新聞社、1966年、61頁。

＊2 リチャード・ルメルト『良い戦略、悪い戦略』村井章子訳、日本経済新聞出版社、2012年、10頁。

＊3 「従来型（Legacy Type）」と「新型（New Type）」の組み合わせ以下のとおり。
　・「従来型」の兵器を「従来型」の作戦コンセプトで運用する（LL型）。
　・「新型」の兵器を「従来型」の作戦コンセプトで運用する（NL型）。
　・「従来型」の兵器を「新型」の作戦コンセプトで運用する（LN型）。
　・「新型」の兵器を「新型」の作戦コンセプトで運用する（NN型）。

＊4 戦艦プリンス・オブ・ウェールズの水雷士官は日本軍の航空機の動きから雷撃を察知してフィリップス艦長に上申したものの、受け入れてもらえなかったともされている。Angus Konstam, *Sinking Force Z 1941, The day the Imperial Navy killed the battleship*, Osprey Publishing, 2021.

＊5 ただし、このような戦い方（作戦コンセプト）は陸軍の航空撃滅戦と同様であり、航空撃滅戦が戦略爆撃の意義等を提唱したジュリオ・ドゥーエ（Giulio Douhet）の『制空』に基づくものであることからすると、「従来型」として整理することもできる。

＊6 イアン・トール『太平洋の試練　真珠湾からミッドウェイまで　上』村上和久訳、文藝春秋、2013年、13〜14頁。

＊7 プリンス・オブ・ウェールズは最新鋭の戦艦であり、その撃沈はイギリス海軍の威信にも大きな打撃を与えるものであった。同上、113頁。

＊8 その影響力は、真珠湾攻撃よりも大きかったとされる。同上、114頁。

＊9 同上、114頁。

＊10 イアン・トール『太平洋の試練　真珠湾からミッドウェイまで　下』村上和久訳、文藝春秋、2016年、77頁。

＊11 イアン・トール『太平洋の試練　ガダルカナルからサイパン陥落まで　下』村上和久訳、文藝春秋、2021年、297頁。

＊12 戸部良一ほか『失敗の本質―日本軍の組織論的研究』中央公論新社、1991年、105〜106頁。

＊13 同上、288〜289頁。

＊14 同上、360〜361頁。

＊15 同上、327頁。

＊16 Justin Bronk, "The Mysterious Case of the Missing Russian Air Force," *Royal United Services Institute*, February 22, 2022, https://rusi.org/explore-our-research/publications/commentary/mysterious-case-missing-russian-air-force, accessed July 25, 2023.

＊17 Gp Capt PL Mulay, "Air Superiority or Air Denial: The Truth about the Air War in Ukraine," *Indian Defence Review*, February 21, 2023, http://www.indiandefencereview.com/image-gallery/, accessed July 25, 2023.

＊18 Peter Mitchell, "Contested Skies: Air Defense after Ukraine," *Modern War Institute*, March 11, 2022, https://mwi.westpoint.edu/contested-skies-air-defense-after-ukraine/, accessed July 25, 2023.

＊19 Maximillian Bremer, Kelly Grieco, "Air denial: The dangerous illusion of decisive air superiority" *Atlantic Council*, August 30, 2022, https://www.atlanticcouncil.org/content-series/airpower-after-ukraine/air-denial-the-dangerous-illusion-of-decisive-air-superiority/, accessed July 25, 2023.

＊20 Ibid.

＊21 Maximillian Bremer, Kelly Grieco, "In Denial About Denial: Why Ukraine's Air Success Should Worry the West," *War on Rocks*, June 15, 2022, https://warontherocks.com/2022/06/in-denial-about-denial-why-ukraines-air-success-should-worry-the-west/, accessed July 25, 2023.

＊22 野中郁次郎ほか『知略の本質』日本経済新聞出版社、2019年、356～357頁。

＊23 Bronk, "The Mysterious Case of the Missing Russian Air Force."

＊24 マレー進攻作戦においても、日本海軍の作戦と陸軍の上陸作戦や航空撃滅戦との相乗効果が緒戦における電撃戦を成立させたことは、これらが事実上の「領域横断作戦」として機能したと見ることもできると思われる。

＊25 金谷治訳『新訂　孫子』岩波書店、2000年、26～29頁。

＊26 カール・フォン・クラウゼヴィッツ『戦争論』淡徳三郎訳、徳間書店、1995年、116～117頁。

＊27 リデル・ハート『戦略論』森沢亀鶴訳、原書房、1986年、211、353頁。

原著者、監訳・監修者、訳者、解説者紹介

■原著者、イラストレーター
マーク・E・スティル（Mark. E. Stille）アメリカ海軍の退役中佐
メリーランド大学で歴史学の学士号、海軍大学校で修士号を習得。アメリカ海軍に35年勤務。
そのほとんどを情報部門で過ごし、海軍大学校、統合参謀本部、海軍大学校でも勤務。現在、
上級分析官としてワシントンDC地区で勤務。
太平洋における海軍の戦史をテーマとしたオスプレイ社の多数の書籍の著者。

ジム・ローリエ（Jim Laurier）
ニューイングランド州出身、現在はニューハンプシャー州在住の画家。1974年から78年まで
コネチカット州ハムデンのパイアー美術学校に通い、優秀な成績で卒業してから美術やイラ
ストの分野で活躍。アメリカ空軍のために描いた航空絵画は国防総省で常設展示されている。

■監訳・監修者
橋田和浩（はしだ かずひろ）1等空佐　航空自衛隊航空教育集団教材整備隊司令
1969年生まれ、防衛大学校（理工学専攻）卒業、同総合安全保障研究科前期課程修了、修士
（安全保障学）
西部航空警戒管制団第3移動警戒隊長、航空自衛隊幹部学校航空研究センター防衛戦略研究
室長、防衛大学校防衛学教育学群戦略教育室長（教授）、航空自衛隊中部航空警戒管制団副
司令などを経て現職
主要業績：『バトル・オブ・ブリテン1940』（監訳、芙蓉書房出版、2021年）、「将来的な東
アジア地域の戦略環境の展望：米中両国の影響力の観点から」（共著、航空自衛隊幹部学校
編『エア・パワー研究』第4号、2017年12月）

■訳　者
渡邉　旭（わたなべ あきら）3等空佐　航空自衛隊幹部学校航空研究センター防衛戦略研究室
1981年生まれ、中央大学法学部卒業、防衛大学校総合安全保障研究科前期課程修了、修士
（安全保障学）
航空自衛隊第3高射群、航空自衛隊航空戦術教導団司令部、航空自衛隊北部航空方面隊司令
部、防衛大学校防衛学教育学群戦略教育室准教授などを経て現職
主要業績：『バトル・オブ・ブリテン1940』（共訳、芙蓉書房出版、2021年）

小林伸嘉（こばやし のぶよし）2等空佐　防衛大学校防衛学教育学群戦略教育室准教授
1970年生まれ、防衛大学校（理工学専攻）卒業、同総合安全保障研究科前期課程修了、修士
（安全保障学）
航空幕僚監部防衛部運用課、航空自衛隊幹部学校教官、防衛研究所戦史研究センター所員な
どを経て現職

主要業績：『バトル・オブ・ブリテン1940』（共訳、芙蓉書房出版、2021年）、「日本による沖縄局地防衛責務の引受け：「大陸防空」と沖縄の防空体制の連動」（『軍事史学』第49巻第1号、2013年6月）

■解説者
村上強一（むらかみ きょういち）２等空佐　防衛大学校防衛学教育学群統率・戦史教育室准教授
1963年生まれ、防衛大学校（理工学専攻）卒業、上智大学大学院修了、修士（国際関係論）
第301飛行隊、航空幕僚監部防衛部運用課、航空自衛隊幹部学校などを経て現職
主要業績：「編隊隊形とビッグ・ウィング」（『バトル・オブ・ブリテン1940』解説、芙蓉書房出版、2021年）、「書評　高田馨里編著『航空の二〇世紀―航空熱・世界大戦・冷戦―』」（『軍事史学』第57巻第2号、2021年9月）、「書評　伊藤純郎著『特攻隊の〈故郷〉―霞ヶ浦、筑波山、北浦、鹿島灘―』」（『軍事史学』第55巻第4号、2020年3月）

福島大吾（ふくしま だいご）　LSAS-TEC 株式会社　システムエンジニア
1966年生まれ、防衛大学校（理工学専攻）卒業、東京工業大学総合理工学研究科前期課程修了、修士（工学）
航空自衛隊幹部学校航空研究センター、第２航空団、補給本部、防衛大学校防衛学教育学群国防論教育室准教授などを経て現職
主要業績：「チェーン・ホーム・レーダーの概要」（『バトル・オブ・ブリテン1940』解説、芙蓉書房出版、2021年）

天貝崇樹（あまがい たかき）３等空佐　防衛大学校防衛学教育学群戦略教育室准教授
1969年生まれ、防衛大学校（理工学専攻）卒業
航空総隊電子戦管理隊、航空総隊電子作戦群電子戦隊、航空自衛隊幹部学校などを経て現職
主要業績：「バトル・オブ・ブリテンにおける電子戦」（『バトル・オブ・ブリテン1940』解説、芙蓉書房出版、2021年）、「次世代の電子戦について―機械学習とネットワークを活用したEMS活動」（『海幹校戦略研究』特別号、2020年4月）、「ネットワークと電磁スペクトラム管理」（航空自衛隊幹部学校編『エア・パワー研究』第4号、2017年12月）

平山晋太郎（ひらやま しんたろう）３等空曹　航空自衛隊第７航空団司令部
1978年生まれ、慶應義塾大学法学部法律学科を経て航空自衛隊に入隊。第4航空団司令部、中部航空警戒管制団司令部（修武台記念館）を経て現職
主要業績（修武台記念館関連）：日本陸海軍航空関連史料の調査及び整理並びに「修武台記念館音声ガイド」の監修や展示史料等の解説等

由良富士雄（ゆら ふじお）２等空佐　防衛大学校防衛学教育学群統率・戦史教育室准教授
1963年生まれ、大阪教育大学教育学部卒業、防衛大学校総合安全保障研究科前期課程修了、修士（安全保障学）

航空自衛隊幹部候補生学校教官、航空自衛隊幹部学校教官、防衛研究所戦史研究センター所員などを経て現職

主要業績：「技術革新が1930年代後半以降の軍用機に与えた影響」（『バトル・オブ・ブリテン1940』解説、芙蓉書房出版、2021年）、「有事所要物資の海外調達に係わる歴史的事例の比較並びに考察」（『鵬友』第46巻第4号、2021年1月号）、「明治期以降の国土防衛方針の変遷から見る日本の組織の問題点」（『鵬友』第48巻第4号、2023年1月号）、「日本の砲台・堡塁見て歩記」（『翼』誌に連載中）

伊藤大輔 （いとう だいすけ）　3等空佐　航空自衛隊中部航空方面隊司令部援護班長

1976年生まれ、宇都宮大学大学院修了、埼玉大学大学院修了、修士（経済学、経営学）

航空自衛隊航空開発実験集団司令部、南西航空混成団司令部、航空幕僚監部人事計画課、同防衛課、航空自衛隊幹部学校航空研究センターなどを経て現職

主要業績；「ナポレオン・ボナパルトは、『孫子』を読んだのか」（守屋淳『アミオ訳孫子』ちくま学芸文庫、2016年）、「アジャイル・デザイン試論」（田中靖浩『米軍式人を動かすマネジメント』日経BP、2016年）、「零戦と大和」（文春新書編『昭和史がわかるブックガイド』文春新書、2020年）

MALAYA & DUTCH EAST INDIES 1941-42 by Mark. E. Stille
Copyright © Osprey Publishing, 2020
This translation of *Air Campaign 19: Malaya & Dutch East Indies
1941-42: Japan's air power shocks the World* is published by Fuyo
Shobo Shuppan Ltd. by arrangement with Osprey Publishing, part
of Bloomsbury Publishing Plc. through Tuttle-Mori Agency, Inc.

マレー進攻航空作戦1941-1942
——世界を震撼させた日本のエアパワー——

2023年10月23日　第1刷発行

著　者
マーク・E・スティル

監訳・監修者
はし　だ　　　　かずひろ
橋田　和浩

発行所
㈱芙蓉書房出版
(代表　平澤公裕)
〒113-0033東京都文京区本郷3-3-13
TEL 03-3813-4466　FAX 03-3813-4615
http://www.fuyoshobo.co.jp

印刷・製本／モリモト印刷

バトル・オブ・ブリテン1940
ドイツ空軍の鷲攻撃と史上初の統合防空システム
ダグラス・C・ディルディ著
橋田和浩監訳　本体 2,000円

オスプレイ社の "AIR CAMPAIGN" シリーズ第1巻の完訳版。ドイツの公文書館所蔵史料も使い、英独双方の視点からドイツ空軍の「鷲攻撃作戦」を徹底分析する。写真80点のほか、航空作戦ならではの三次元的経過が一目で理解できる図を多数掲載。

アーノルド元帥と米陸軍航空軍
源田　孝著　本体 2,700円

アメリカ陸軍航空に大きな足跡を残したヘンリー・アーノルド元帥の一代記。20世紀初頭、陸軍の一部門として誕生した航空部隊が、第二次世界大戦での連合国の勝利に大きく貢献し、1947年に陸軍、海軍と同格の第三の軍種「空軍」として独立するまでの歴史を概観。

インド太平洋戦略の地政学
中国はなぜ覇権をとれないのか　本体 2,800円
ローリー・メドカーフ著　奥山真司・平山茂敏監訳

強大な経済力を背景に影響力を拡大する中国にどう向き合うのか。2020年初頭にオーストラリアで出版された *INDO-PACIFIC EMPIRE: China* の全訳版。

陸軍中野学校の光と影
インテリジェンス・スクール全史　本体 2,700円
スティーブン・C・マルカード著　秋塲涼太訳

帝国陸軍の情報機関、特務機関「陸軍中野学校」の誕生から戦後における"戦い"までをまとめた書 *The Shadow Warriors of Nakano* の日本語訳版。